よくわかる 組込みシステム 開発入門

要素技術から開発プロセスまで

一般社団法人
組込みシステム技術協会
人材育成事業本部
………著

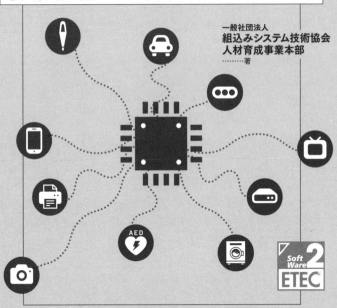

Soft Ware 2 ETEC

技術評論社

プロローグ

　マイクロコンピュータ出現当初、組込みシステム開発と言えば電子回路から
アプリケーションソフトまでの垂直型開発を意味し、開発技術はミドルウェア
よりも下位層、特にOSとデバイス制御に大きなウェイトが置かれていました。
その理由はすべてが新しいものであったことによります。

　しかしながら近年、最下層からわざわざ開発せずに既存のOSあるいはミド
ルウェア以上でアプリケーションを直接開発するプラットフォーム型開発が主
流となりつつあります。その背景には組込みシステムが、ありとあらゆる場面
で必要とされるため、生産性を上げる必要性が高まったこと、さらにはソフト、
デバイスの標準化の進行が挙げられます。本書ではこのような背景を踏まえ、
組込みアプリケーションソフト開発そのものに焦点をあてた章を設けています。

　本書は組込みシステム技術を習得しようとする方を対象に、ETSS注1のレベ
ル1（初心者）からレベル2（担当業務に限って独り立ちしつつある中堅）と現場で
必要になるレベル2以上の内容をカバーしています。現状の確認、ETEC注2ク
ラス2試験を受験される方、あるいは上級をめざす方のためにも必要な技術の
概要と関連知識をまとめたものです。ただし、読者の皆さんには"C言語のコー
ドが読める程度の経験があること"を前提にしていること、章によっては難易
度が異なることに注意してください。

　図0-1は組込みシステムの構造を階層的に表したものです。

注1）　ETSS（Embedded Technology Skill Standard）組込みスキル標準は、情報処理推進機構（IPA）が制定した、組
　　　込みシステム技術者の開発スキルを測定する指標です。「技術要素」「開発技術」「管理技術」の3カテゴリで
　　　構成され、さらに階層的に分類されたスキル項目に対して、4段階のレベル（初級、中級、上級、最上級）4
　　　段階で評価します。
注2）　ETEC（Embedded Technology Engineer Certification：組込み技術者試験制度）は、一般社団法人組込みシ
　　　ステム技術協会（JASA）が開発し、運営する組込み技術者向け試験制度です。

○図0-1：組込みシステムの階層構造

組込みシステムの構成
組込みアプリケーションソフト
ミドルウェア
OS
デバイス制御
機能デバイス
電子回路

　本書はPart 1〜3までを10章で構成しており、それぞれの概要は次のとおりです。

Part 1：組込みの門をくぐってみよう

• Chapter 1：組込みプログラムの最初の一歩

　学習用ではデファクトになっているボードシステムでLED点滅の簡単なプログラム作成と動作確認をします

• Chapter 2："思ったとおり"に動かそう

　プログラムの詳細を眺め、変更を加えてみます。またリセット時動作や入出力の基本を確認します。

• Chapter 3：割込みとタイマを実装してみよう

　ボードシステムのCPUに内蔵されているタイマを使って点滅動作を実現してみます。このとき、割込みの概念を学習しますが、Chapter 5で動作詳細を説明します。

Part 2：組込みの要素技術を知ろう

• Chapter 4：マイコンの基礎知識

　小さくてもコンピュータであるマイコンの構造、動作について詳しく説明します。またプログラムから見える要素も解説します。

• Chapter 5：外部の情報を知るための周辺機能

　本書ではマイコンが外部機器との信号をやり取りするうえで必要な機能と位置付けます。ここでは基本機能であるシリアル通信とアナログ信号の扱いを解説します。

- Chapter 6：リアルタイムOS

　本書でもっとも難易度の高い章です。ここで組込みシステムを構成するソフトウェア開発に必要なさまざまな概念を学んでいただくことを目的としています。上級者の指導を受けながら学ぶのもよいかもしれません。

- Chapter 7：組込みプログラミングでの注意事項

　前章を受け、実際のプログラミングで犯しやすい過ち、注意事項を解説します。難易度は高い章ですが現場で役立つノウハウ集とも言えます。

- Chapter 8：通信サービスとネットワーク技術

　組込みシステムはスタンドアローンタイプからネットワーク連携タイプの機器へと変化してきています。本章では技術者に知っておいてほしい通信関連技術について概要を解説します。

Part 3：組込み開発の流れを知ろう

- Chapter 9：開発プロセス

　いかなる仕事を遂行するうえでも手順、すなわちプロセスがあります。本章では組込みソフトウェアを開発するうえでのプロセスを説明します。基本プロセスである設計⇒実装⇒テストの流れの中でなすべきことを確実に学んでいただきたい章です。

- Chapter 10：開発プロセスに関連する用語と解説

　前章に関連して品質特性に関する国際標準や各種のツール、方法論を紹介しています。

2021年1月

著者一同

ETEC（組込み技術者試験制度）

ETEC（Embedded Technology Engineer Certification：組込み技術者試験制度）は、2006年末に一般社団法人組込みシステム技術協会（略称「JASA」）が開発し、運営する、組込み技術者向け試験制度です。

試験の種類

本試験の試験方法は、コンピュータ環境により受験するCBT（Computer-Based Testing）を採用しており、出題分野ごとの正答率を基に評価を行っています。

なお、本試験は以下の2つの試験からなり、組込みソフトウェア開発技術者に必要な知識とスキルの有無、クラス1は実践応用力を確認するための試験です。

組込みソフトウェア技術者試験クラス2（エントリレベル）

組込みソフトウェア開発に関するある一定以上の知識とスキルがあることを判定します。

上級者の指導のもとにプログラミング作業を行える技術者に必要とされる知識を問います。大学・専門学校の組込みソフトウェア教育を受けている学生、卒業生、プログラミング経験がなく入社し、社内教育などで育成された組込みソフトウェア・プログラマなど、エントリレベルの技術者が修得していなければならない知識が出題されます。

組込みソフトウェア技術者試験クラス1（ミドルレベル）

中級技術者として次の能力を評価します。

- 要求、設計工程、それに対応するテスト工程における知識から分析能力までの総合力
- 現場リーダとして不可欠な、実装、QCD等の知識・能力
- 実装の実務能力

クラス1は共通キャリアフレームワークレベル3〜4やETSSレベル3に相当します。知識・スキル、実践応用力を問います。

受験申込み方法

ETECの試験方法は、1年を通じて受験したいときに、全国の試験会場で受験できます。受験者登録や試験会場などの詳細は、ETEC公式サイトを参照してください。

- **ETEC（組込み技術者試験制度）**
  URL https://www.jasa.or.jp/etec/

ETEC証明書

次の3つの方法で受験結果が証明されます。

スコアレポート

受験終了時、受験結果の控えとして「スコアレポート」を試験会場の受付で受領できます。

デジタルエンボス

受験後48時間以内に「デジタルエンボス」というシステムにて、スコアレポートが正規発行されたものかを証明するサービスもあります。

証明書

受験後1ヵ月程度で、ピアソンVUE社のアカウントに登録されている住所に郵送されます。

目次

Part 2
組込みシステムを支える技術 41

Part 3
組込み開発の流れを知ろう 117

Appendix 161

Part 1

組込みの門を
くぐってみよう

　Part 1では、組込みプログラミングを簡単に体験するために、市販されているボードの「Arduino Uno」やブレッドボード、LEDを使って、LEDの点滅（Lチカ）のプログラムを作成します。「割込み」や「タイマ」といった処理を実装することで、組込みプログラムの一端を感じてみてください。

Chapter 1 組込みプログラムの 最初の一歩

本章では、組込みプログラムの概要からPart 1で必要なものなどを整理し、LEDを点滅させるプログラムを簡単に実行する方法を説明します。その中でどのようにビルドされて実行形式のファイルになるか理解してください。

1-1　組込みプログラムとは

IoT（Internet of Things）は直訳すると「モノのインターネット」と呼ばれ、最近ではいろいろな"モノ"がインターネットに接続されるようになりました（図1-1）。

○図1-1：IoT（イメージ）

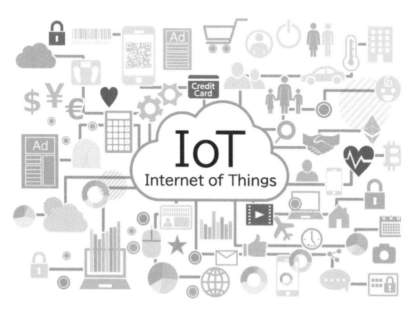

part
1

Chapter
1

Chapter
2

Chapter
3

part
2

Chapter
4

Chapter
5

Chapter
6

Chapter
7

Chapter
8

part
3

Chapter
9

Chapter
10

Appendix

　"モノ"に該当するものを**ハードウェアやデバイス**などと呼び、単体で動作できるように**マイコン**(マイクロコンピュータ：microcomputer)が内蔵されています。

○図1-2：ハードウェアとマイコン (例)

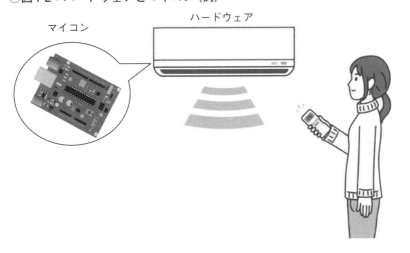

マイコン

ハードウェア

　図1-2に挙げたエアコンのようにハードウェアとマイコンが一体になったモノを**組込みシステム**や**組込み機器**と呼び、今では我々の日常生活にも欠かせないものになっています。

　組込み機器の動作は**ソフトウェア**が命令しています。ソフトウェアはあらかじめパソコン(PC)でプログラムしたものを移植して動作させます(**図1-3**)。コンピュータへの命令(処理)そのものはプログラムと呼ばれますが、動作するためにはハードウェアについての情報や通信のための情報なども必要であり、これらをまとめたものがソフトウェアです。

　Part 1では、市販されているボードの**Arduino Uno**(アルデュイーノ ウノ)を使用して、実際にハードウェアを"思ったとおりに動作させるシステム"を作るための最初の手順を説明します。Arduino Unoは価格が手ごろで入手しやすく、また入門用や実験用のボードとしてよく使用されているボードです。Arduino Unoは、初めて組込みシステムを作ってみるには最適なボードです。

　まずはソフトウェアによってハードウェアを制御するために必要な手順を見てみましょう。

○図1-3：組込み機器の「プログラム」

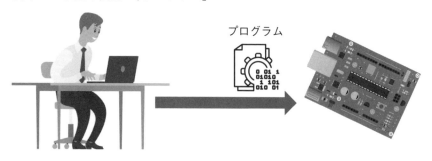

プログラム

1-2　最初に用意するもの

　マイコンと入出力ポートを搭載した小型コンピュータ基板（マイコンボード）を使用して、実際に動作させてみましょう。実際に動作させるためには、最初にマイコンボードとコンピュータ（PC）の準備が必要です。

マイコンボード

　マイコンボードはArduino Unoを使用します。Arduino Unoは安価に入手可能なうえ、さまざまなパーツを組み合わせられるので、アイデア次第でいろいろなソフトウェアを作成してハードウェアを制御できます（**図1-4**）。「**Arduino 始めようキット**」は、必要なケーブルや簡単な回路を作成できる部品などが一緒にパッケージされていて便利です（**図1-5**）。

○図1-4：Arduino Unoのおもな部品配置

❶リセットボタン
❷USBコネクタ
（電源および通信用）
❸外部電源入力コネクタ
❹LED（ボード上に"L"の表示）
❺電源LED
❻マイコン本体

○図1-5：Arduino 始めようキット

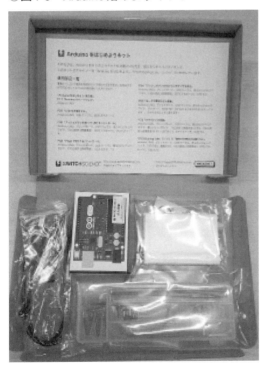

コンピュータ(PC)

　本章ではArduino Unoを使用して、Windows PC(Windows10)で開発するケースを説明します。マイコンボードとコンピュータはUSBケーブルで接続するので、USBポートのあるPCを用意してください注1。

プログラミングツール

　Arduino Unoを制御するソフトウェアの開発には**Arduino IDE**という専用プログラミングツールを使用します。Arduino IDEは無償で入手できるので、プログラミング開始前にインストールしてください。

　Arduino IDE は、Arduino の Web ペ ー ジ(**URL** https://www.arduino.cc/en/Main/Software)から、使用するPCに合わせたファイルを選択してダウンロードします。

　Windows用はいくつか用意されていますが、[Windows Installer]を選択して[JUST DOWNLOAD]ボタンを押しファイルをダウンロードしてください。ダウンロードが終了した後、ダウンロードしたファイル(インストーラ)を起動してインストールを開始します。

　インストール中、[アクセス権制御ダイアログ][Windowsファイアウォール][USBドライバ]などのインストールのダイアログが表示されるので、許可をしてインストールを進めます。正常にインストールが終了すると、Arduino IDEのショートカットアイコン(**図1-6**)がデスクトップに追加されます。

○図1-6：Arduino IDEのショートカットアイコン

注1)　使用するUSBケーブルのタイプは確認しておく必要があります。

1-3　PCとボードを接続して設定を確認する

part
1

Chapter
1

Chapter
2

Chapter
3

part
2

Chapter
4

Chapter
5

Chapter
6

Chapter
7

Chapter
8

part
3

Chapter
9

Chapter
10

　PCとArduino Uno本体をUSBケーブルで接続します（**図1-7**）。Arduino Uno
はUSBを電源として動作し、ケーブルを接続するだけで動作を開始します。電
源スイッチは用意されていないので、接続するとすぐに動作を開始します。正
常に電源が供給されている場合、ボードの電源LEDが点灯します。

○図1-7：PCとArduinoの接続

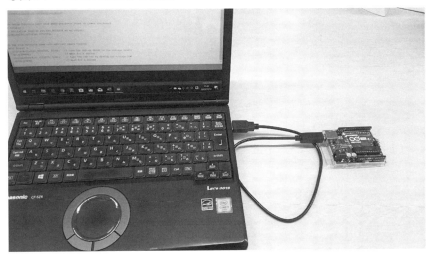

　また、PCはArduino UnoをUSB経由のCOMポートとして自動認識します。
このCOMポートは、Arduino IDEとArduino Uno本体が通信するために使用し
ます。ボードにある外部電源入力コネクタはArduino Unoを乾電池などで動作
させるときに使用しますが、本書では使用しません。

　接続に問題がなければ、Arduino IDEの設定を確認します。Arduino IDEの
ショートカットアイコンをダブルクリックし、Arduino IDEを起動します（**図
1-8**）。

○図1-8：最初の起動直後のArduino IDE

　使用しているArduinoボード（Arduino Uno）をメニューの［ツール］⇒［ボード］で確認し、異なる場合は使用しているボードを選び直してください。

○図1-9：ボードの選択

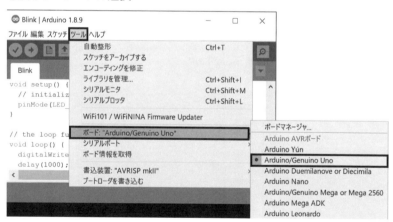

　また接続されたCOMポートをメニューの［ツール］⇒［シリアルポート］で確認して選択します（**図1-10**）。COMポートの番号は使用するPCによって異なる場合があります。

○図1-10：COMポートの選択

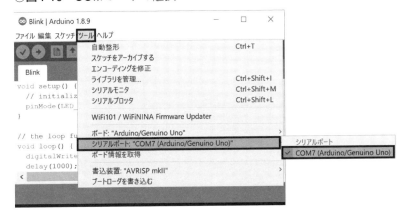

　メニューの[ファイル]⇒[環境設定]で環境設定のダイアログボックスを表示して設定を確認します（**図1-11**）。エラーがあった場合は行番号で表示されるため、[行番号を表示する]にチェックを入れておくと便利です。

part
2

Chapter
4

Chapter
5

Chapter
6

Chapter
7

Chapter
8

○図1-11：Arduino IDEの環境設定

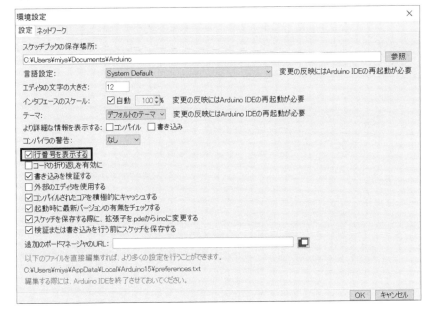

ボードに接続できない場合

　ボードにうまく接続できない場合、[シリアルポート]が認識できているか、次の手順を試してください。

①Arduino IDEを終了し、ArduinoボードをPCから外す

②Windowsの[デバイスマネージャ]を起動する

③再度Arduinoボードを接続する

④接続されると自動的に[デバイスマネージャ]にデバイスが追加されるが、[ほかのデバイス]と表示されている場合は右クリックメニューで[デバイスのアンインストール]を選択する

⑤アンインストール終了後、[デバイスマネージャ]の[操作]⇒[ハードウェア変更のスキャン]を実行すると、再度Arduinoボード用のドライバがインストールされる

⑥正常に認識された場合、[デバイスマネージャ]の[ポート（COMとLPT）]にArduino用のCOMポートが表示される（図1-12）

⑦Arduino IDEを起動し、メニューの[ツール]⇒[シリアルポート]から接続されたCOMポートを選択する

○図1-12：正常に認識された場合のデバイスマネージャの表示

1-4　組込みシステムの開発手順

　組込みシステムのソフトウェア開発は、おおよそ次の手順で進めます。

①プログラム作成

エディタと呼ばれるソフトウェアで制御プログラムを作成します。

プログラムは文字（テキスト）で、使用する開発言語の文法などに従った形式で記述します。作成されたテキストはソースコードとも呼ばれます。

②コンパイル

コンパイラと呼ばれるソフトウェアを利用してプログラムが正しいかどうかをチェックし、ハードウェアで動作するソフトウェアを生成します。コンパイラは、作成されたプログラムから**オブジェクトファイル**（目的ファイル）を生成します。複数のプログラムがある場合、複数のオブジェクトファイルを生成します。

最後に**リンカ**と呼ばれるソフトウェアを利用して複数のオブジェクトファイルを結合し、ハードウェアの情報とともにハードウェアで実行可能なソフトウェアである**ロードモジュール**を生成します。通常、プログラムファイルが1つだけのときでも、リンカを利用します。この実行可能なソフトウェアを作成する一連の作業を**ビルド**とも呼びます。

また、**ライブラリアン**や**アーカイバ**と呼ばれるソフトウェアを利用して、いくつかのオブジェクトファイルをまとめて**ライブラリ**（図書館）ファイルにする場合もあります。ファイルをまとめることにより、取り扱いやすく、再利用しやすくなります。

ここまでの流れを**図1-13**に図示します。

part
1

Chapter
1

Chapter
2

Chapter
3

part
2

Chapter
4

Chapter
5

Chapter
6

Chapter
7

Chapter
8

part
3

Chapter
9

Chapter
10

Appendix

○図1-13：「コンパイラ」「リンカ」「アーカイバ」を使用した「ビルド」作業

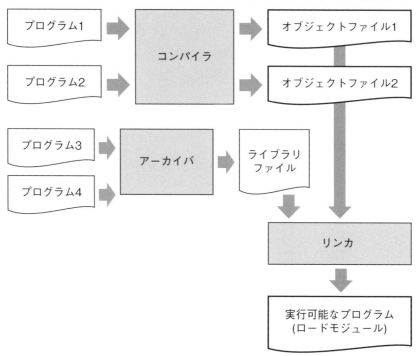

③デバッグ

　デバッガを使用して、コンパイラとリンカが生成した実行可能なソフトウェアをハードウェアのメモリに書き込み、作成したプログラムがハードウェアを正しく制御できるかどうか試します。

　デバッガは、プログラムの欠陥(バグ)を発見・修正する**デバッグ**(debug)作業を支援するソフトウェアです。デバッガは、デバッグ対象のソフトウェアをハードウェアのメモリに書き込み、対話的に動作／一時停止させたり、プログラムが使っている変数の一覧や内容などを表示させたりする機能を使用して、プログラムが正しいかどうかを確認します。

　Arduino IDEはデバッガ機能のうち、ハードウェアのメモリに書き込む機能以外は持っていませんが、エディタとコンパイラ(リンカ含む)が一体になったプログラミングツール(**統合開発環境**、**IDE**：Integrated Development Environment)

part
1
Chapter
1
Chapter
2
Chapter
3
part
2
Chapter
4
Chapter
5
Chapter
6
Chapter
7
Chapter
8
part
3
Chapter
9
Chapter
10
Appendix

です。Arduino IDEだけで、プログラムを作成しハードウェアで動作させることができます。

　PCで動作するプログラムを開発するときも、EclipseやVisual Studioなどの統合開発環境を使用します（**図1-14**）。基本的な開発手順はほぼ同じで、実行可能なプログラムが、PC上で動作するプログラムか別のハードウェアで動作するプログラムかが違うだけです。

○図1-14：Eclipseベースの統合開発環境の例（Renesas社のe2studio）

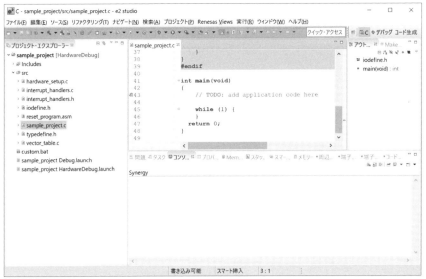

　PCで動作するプログラムは、通常そのままPCで実行できますが、別のハードウェアで動作する必要があるマイコン用のプログラムは、対象のハードウェアに送りメモリに書き込んでから実行する必要があります。この機能は**ローダー**と呼ばれ、組込みシステム開発で使用するデバッガは、このローダー機能が用意されています（**図1-15**）。

13

○図1-15：デバッガのローダー機能

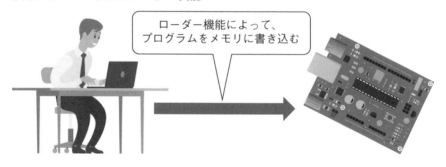

ローダー機能によって、
プログラムをメモリに書き込む

　16bitや32bitのプロセッサでは、**ICE**(In-Circuit Emulator)を使用してPCと
ターゲットを接続するケースが一般的です。特にARMなどのプロセッサでは、
接続規格として**JTAG**が標準で用意されており、JTAG-ICEを経由したローダー
機能を使用して、プログラムを対象のハードウェアのメモリに書き込みます。

　組込みシステム開発では、プログラムを作成する環境(PC)と実行する環境
(ハードウェア)が異なる方法を採ります。このような開発手法を**クロス開発**と
呼びます。PCで動作するプログラムの場合は、一般的にはプログラムを作成
する環境(PC)と動作させる環境(PC)が同一になるので**セルフ開発**と呼びます。

1-5　LEDを点灯させる（その1）：プログラム

　LEDを点滅させるプログラム[注2]を用意して動作させてみます。

　Arduino IDEを起動し、**図1-16**のようにメニューの［ファイル］⇒［スケッチ
例］⇒［01.Basics］⇒［Blink］を選択すると、スケッチ例の「Blink」を読み込んだ状
態でもう1つのArduino IDEが起動します(**図1-17**)。「Blink」はLEDを点灯さ
せるプログラムです。

注2）LEDを点滅させるプログラムを通称"Lチカ"と呼び、組込みシステム開発入門の最初のステップとしてよく
　　使用されます。また通常のシステム開発でも、ボードの動作確認などで使用されています。

○図1-16：スケッチ例［Blink］の選択

○図1-17：「Blink」を読み込んだ状態のArduino IDE

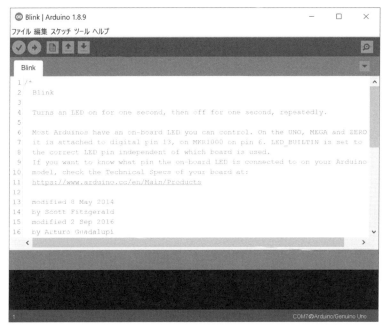

　Arduino IDEには他にもスケッチが用意されています。新しいスケッチを作成するとき、このスケッチを修正してプログラムを作成することもできます。

1-6　LEDを点灯させる（その2）：コンパイル

　メニューの［スケッチ］⇒［検証・コンパイル］で（またはツールバーの［検証］ボタンを押して）、プログラム（スケッチ）をコンパイル（ビルド）します（**図1-18**）。正常にコンパイルが終了すると、"コンパイルが完了しました。"と表示されます。

○図1-18：[検証] ボタンとコンパイル結果

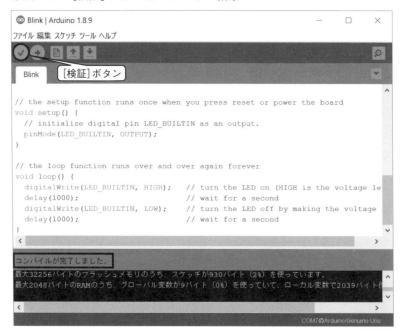

　正常にコンパイルができたら、プログラムをボードに送ります。
　メニューの［スケッチ］⇒［マイコンボードに書き込む］で（またはツールバーの［マイコンボードに書き込む］ボタンを押すと）、プログラムがボードに書き込ま

れます(**図1-19**)。正常に書き込みが終了すると"ボードへの書き込みが完了しました。"と表示され、LEDが点滅します。

○図1-19：[マイコンボードに書き込む] ボタンとボードへの書き込み結果

"思ったとおり"に動かそう

前章でLEDを点滅させるプログラムを動作させてみましたが、本章では"思ったとおりに"LEDを動作させるプログラムを作成してみます。正常に動作させることができたら、演習問題にも挑戦してみてください。

2-1　プログラムを新規作成する

　プログラムを書くためにArduino IDEを起動します。Arduino IDEは、前回終了時のスケッチを読み込んだ状態で起動するので、本章用の新たなスケッチを作成します。Arduino IDEのメニューの[ファイル]⇒[新規ファイル]で別のArduino IDEが起動し、setup()とloop()の2つ空関数が用意されたスケッチが自動的に作成されます(図2-1)。

○図2-1：新しいスケッチの作成

　図2-1の各部を簡単に説明します。

❶sketch_jun12bタブ

Arduino IDEでは開発するプログラムを**スケッチ**注1と呼びます。

Arduinoのスケッチは、「setup()」と「loop()」という2つの関数が必ず必要です（一方の関数を使用しない場合もスケッチには両方の関数を書く必要があります）。新規作成時はスケッチの名前が「sketch_○○」（○○はArduino IDEが自動的に割り当てます）になっていますが、後で変更することもできます。

❷setup()関数（1行目〜）

setup()関数はスケッチがスタートしたときに一度だけ呼び出され、初期化処理などを記述します。

❸loop()関数（6行目〜）

loop()関数はスケッチの心臓部であり、繰り返し実行する処理を記述します。

2-2　Blinkプログラムはどのように処理しているか

「Blink」はLEDを点滅させるスケッチです。

まず、前章で動作させた「Blink」の処理がどのようになっているか確認してみます（リスト2-1）。Arduinoを制御するプログラムは、基本的にはC/C++言語と同一です（以降C/C++言語として説明します）。

○リスト2-1：「Blink」プログラム（一部。先頭の「NN：」は行番号を意味する）

```
25: // the setup function runs once when you press reset or power the board
26: void setup() {
27:   // initialize digital pin LEC_BUILTIN as an output.
28:   pinMode (LED_BUILTIN, OUTPUT);        ❶
29: }
30:
31: // the loop function runs over and over again forever
32: void loop() {
```

注1）　一般的なIDEでは、管理する単位は「プロジェクト」と呼ぶことが多く、スケッチブック＝プロジェクトと理解してください。

```
    ↖
33:   digitalWrite(LED_BUILTIN, HIGH);  }❷
34:   delay(200);
35:   digitalWrite(LED_BUILTIN, LOW);   }❸
36:   delay(200);
37: }
```

setup()関数(26～29行目)にある❶は、ボードにあるピンの動作を設定しています。

```
pinMode (LED_BUILTIN, OUTPUT);
```

pinMode()関数は、指定されたピンを設定する関数で、Arduino IDEに標準で用意されています。設定値のLED_BUILTINはボード上にあるLEDが接続されているピンを指しており、またこのピンをOUTPUT(出力)に設定しています。このピンに電気を流すことでLEDを点灯させることができます。

loop()関数(32～37行目)にある❷と❸はLEDを点滅させている処理プログラムです。

```
digitalWrite(LED_BUILTIN, HIGH);
delay(1000);
digitalWrite(LED_BUILTIN, LOW);
delay(1000);
```

digitalWrite()関数とdelay()関数もArduino IDEに標準で用意されている関数で、次の機能を持っています。

- digitalWrite()関数
指定されたピンの電気を流す(HIGH)か流さない(LOW)かを設定する関数
- delay()関数
指定された時間待つ(何もしない)関数で、単位はmsで指定

つまりこのプログラムは、次の処理を繰り返して、LEDを点滅させています。

❷：LED点灯 ⇒ 1秒(1000ms)待つ ⇒ ❸：LED消灯 ⇒ 1秒(1000ms)待つ

part
1

Chapter
1

Chapter
2

Chapter
3

part
2

Chapter
4

Chapter
5

Chapter
6

Chapter
7

Chapter
8

part
3

Chapter
9

Chapter
10

Appendix

演習

1. LEDが光っている長さ（点灯時間）を変更して試してみましょう。

2-3　LEDの点滅パターンを変更してみる

　では"思ったとおり"にLEDを動作させてみましょう。

　ここでは、LEDを3回点滅（モールス符号[注2]の"S"）させてみます。Arduino
IDEを起動し、メニューの［ファイル］⇒［新規ファイル］を選択すると別の
Arduino IDEが起動し、新しいスケッチが作成されます。

　新しく作成したスケッチに**リスト2-2**を入力してみましょう。

○リスト2-2：LEDを"・・・"（短点3つ）で点滅させるプログラム

```
// the setup function runs once when you press reset or power the board
void setup() {
  // initialize digital pin LEC_BUILTIN as an output.
  pinMode (LED_BUILTIN, OUTPUT);
}

// the loop function runs over and over again forever
void loop() {
  digitalWrite(LED_BUILTIN, HIGH);
  delay(200);
  digitalWrite(LED_BUILTIN, LOW);
  delay(200);

  digitalWrite(LED_BUILTIN, HIGH);
  delay(200);
  digitalWrite(LED_BUILTIN, LOW);
  delay(200);

  digitalWrite(LED_BUILTIN, HIGH);
  delay(200);
  digitalWrite(LED_BUILTIN, LOW);

  delay(1400);        ❶
}
```

注2）モールス信号（モールス符号）は短点（・）と長点（－）を組み合わせて、アルファベット・数字・記号を表現し
ます。古くから使用されている符号化通信方式で、現在でも一部の通信で使用されています。

setup()関数

「Blink」と同じ内容を記述します。

loop()関数

delay()関数の時間間隔を200msに設定します。また短点が1つ"・"の点滅処理は、次のようになります。

```
degitalWrite(LED_BUILTIN, HIGH);
delay(200);
degitalWrite(LED_BUILTIN, LOW);
delay(200);
```

3回の点滅なので、これを3セット用意します。3セット目の最後のdelay()(❶)は次の点滅と区別するため、長め1400msに設定します。フローチャートは図2-2のとおりです。

　プログラムができたら、スケッチを保存します。メニューの[ファイル]⇒[名前を付けて保存]を選択すると、保存先を指定するダイアログボックスが表示されるので、お好みの名前で保存します(図2-3)。

○図2-2：LEDを3回点滅させるloop()関数のフローチャート

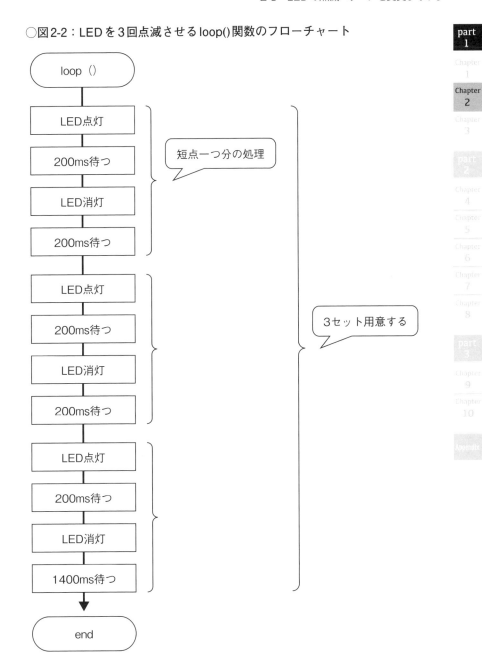

○図2-3：スケッチの保存

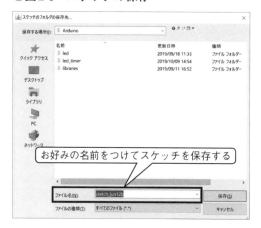

なお、保存されたスケッチはArduino IDEのメニューに追加されるので、次回からはメニューを選択するだけで、同じスケッチを開くことができます。

演習

1. 繰り返し実行している部分を、for文またはwhile文で作ってみましょう。
2. 別の点滅パターンを作ってみましょう。

2-4　PCで動作するプログラムとの違い

PCで動作するプログラムとの違いの1つとして、main()関数(**リスト2-3**)がない場合があります。

○リスト2-3：C言語の標準的なmain()関数

```
#include <stdio.h>

int main(int argc, char** argv)
{
  printf("Hello World!\n");
  return 0;
}
```

2-4　PCで動作するプログラムとの違い

part
1

Chapter
1

Chapter
2

Chapter
3

part
2

Chapter
4

Chapter
5

Chapter
6

Chapter
7

Chapter
8

part
3

Chapter
9

Chapter
10

Appendix

　スケッチにはC/C++言語のエントリ関数であるmain()関数がありませんが、実際にはArduino IDEがインストールされた場所にあるファイルにmain()関数が用意されています。標準インストールでは、次のファイルにmain()関数が記述されています。

```
C:¥Program Files (x86)¥Arduino¥hardware¥arduino¥avr¥cores¥arduino¥main.cpp注3
```

　記述されている内容は**リスト2-4**になります。PC上で動作する一般的なC/C++言語で記述されたプログラムと基本的には同じであることがわかります。

○リスト2-4：main.cppの内容（一部。先頭の「NN：」は行番号を意味する）

```
25: // Weak empty variant initialization function.
26: // May be redefined by variant files.
27: void initVariant() __attribute__((weak));
28: void initVariant() { }
29:
30: void setupUSB __attribute__((weak));
31: void setupUSB() { }
32:
33: int main(void)
34: {
35:   init();
36:
37:   initVariant();
38:
39: #if defined(USBCON)
40:   USBDevice.attach();
41: #endif
42:
43:   setup();          ←setup()関数の呼び出し
44:
45:   for (;;) {
46:     loop();         ←loop()関数の呼び出し
47:     if (serialEventRun) serialEventRun();
48:   }
49:
50:   return 0;
51: }
```

　作成したスケッチはmain()関数から呼び出され、アプリケーションの初期化処理（setup()関数）と繰り返し処理（loop()関数）を実行します。

注3）Arduino IDEのバージョンにより異なる場合があります。

　マイコンは、電源を入れたときに**リセットハンドラ**注4と呼ばれる決まったアドレスから動作を開始します。Arduino IDE を使用して作成されたプログラムは、最初に必要な初期化処理や設定を行ったあと、main()関数を呼び出すことで、作成したプログラムの動作を開始します。PC 上で動作する一般的な C/C++言語で記述されたプログラムでも同様な前処理部分があり、main()関数を呼び出すことで作成したプログラムの動作を開始します。

　PC 上で動作するプログラムでは、ルールとして main()関数を呼び出すことに決めていますが、組込みシステムの場合、別の関数を呼び出してプログラムの動作を開始する場合があります。この場合は「スケッチ」のプログラムのように、main()関数がない状態になります。

　一般的な組込みシステム開発では、上記のリセットハンドラからの処理が用意されている場合もありますが、すべて作成する必要がある場合はマイコン自体の動作を理解しておくとこが必要になります。また指定されたピンに設定する関数（Arduino IDE の場合は pinMode()関数）や指定されたピンの電気を制御する関数（Arduino IDE の場合は digitalWrite()関数）のような関数を用意する必要がある場合もあります。

　これらの設定や制御を行う関数を作成する場合、データシートと呼ばれるマイコンの仕様を確認する必要があります。

2-5　入出力操作のために理解しておくべきこと

　プログラムが動作しているマイコンと外の世界は、**ポート**注5を経由した入出力(I/O：Input Output)機能によってつながっています。これまで作成してきたプログラムでも、LED はポートを経由して接続されており、プログラムによって点灯や消灯を制御しています。

　ポートを使用する場合、LED の点滅のような比較的単純な操作であっても、LED がつながっているポートやビット、そのポートの初期化の方法、また LED

注4）　リセットハンドラの処理は「メモリにアクセスできるように設定する」や「メモリエリアの0クリア」「メモリ上の必要な初期値をセットする」などがあります。

注5）　入出力の機能は、入力情報や出力情報が出入りすることから、船が出入りする港をイメージしてポート（港）と呼ばれます。

はHIGHとLOWのどちらで点灯するのか、というような情報は理解しておく必要があります。これらはハードウェアとして決まる（決めておかなければいけない）情報ですが、ソフトウェアはこれらのハードウェアを操作して動作するため、どのように操作すべきなのかを理解しておく必要があります。

　例えば本章で操作しているのはArduino Unoのボード上にあるLEDですが、外部にLEDを接続して、そのLEDを点滅させることも可能です。その場合はLEDが接続されているポートやビット、回路構成によってはLOWで点灯させることになるので、プログラムもそれに合わせた処理に変更する必要があります。

Column　正論理と負論理

　LEDを点灯させるためには、接続されている回路の論理を知っておく必要があります。

　直感的にはHIGH（1）は電気が流れる（＝LEDが点灯する）だと理解しやすいと思いますが、回路の構成上、LOW（0）でLEDが点灯する場合もあります。

　LOW（0）で点灯する扱いは負論理と呼び、HIGH（1）で点灯する扱いは正論理と呼びます。どちらの論理で操作するのかはハードウェアによって異なります。また正論理と負論理が混在することもあるので、混乱しないように注意が必要です。

　Arduino Unoのボード上のLEDは正論理で接続されているので、HIGHでLEDが点灯します。

　ハードウェアを負論理にする理由はさまざまですが、回路構成を単純にできる、部品の数を減らすことができる、安全に動作できる、などがあります。代表的な負論理の信号には、リセット信号があります。

2-6　外部にLEDを接続して点滅させてみる

　今度は外部にLEDを接続して、LEDを動作させてみましょう。

　Arduino Unoはデジタル入出力端子(14端子)とアナログ入力端子(6端子)が用意されており、外部に電子部品を接続して制御できます(**図2-4**、**図2-5**)。このデジタル入出力端子にLEDを接続して、LEDを点滅させてみましょう。

○図2-4：デジタル入出力端子とアナログ入力端子

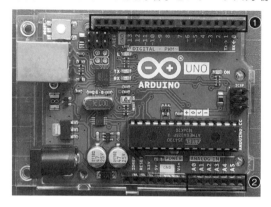

❶デジタル入出力端子
❷アナログ入力端子

○図2-5：デジタル入出力端子(拡大)

❶デジタル入出力端子

　「Arduino始めようキット」に入っている部品を使って接続していきます。

　LEDを点灯させるためには電気を流す必要があり、Arduino Unoのデジタル入出力端子に接続されたLEDは、端子をHIGHに設定することで電気が流れ、点灯させることができます。ただし、電気をそのまま流し続けるとLEDが壊れてしまうため、抵抗で制限をかける必要があります。

　ではブレッドボードに部品を取り付けましょう。使用する部品はLEDと330Ω抵抗の2つです(**図2-6**)。

○図2-6：ブレッドボード（左）と抵抗（330Ω）（中）とLED（右）

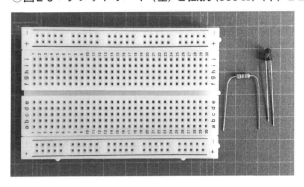

LEDは足の長さが違っています。足の長いほうが**アノード**と呼ばれる＋の電極で、足の短いほうは**カソード**と呼ばれる－の電極です。LEDは＋－の極性があり、つなぐ方向を反対にしてしまうと壊れることがあるので注意してください。

LEDをブレッドボードの穴に挿し、LEDの足の長いほう（アノード側）（**図2-7**では"11"）と同じ行番号のところに抵抗を挿します。同じ行番号のところはブレッドボード内部でつながっているため、これでLEDと抵抗が接続できました。

○図2-7：LEDと抵抗の接続

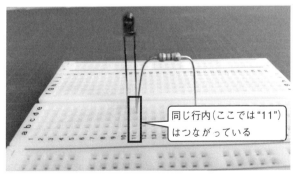

同じ行内（ここでは"11"）はつながっている

次にブレッドボードとArduino Unoを接続します。LEDの足の短いほう（カソード側）（写真では"10"）とデジタル入出力端子の［GND］を接続し、抵抗側（図

2-8では"18")をデジタル入出力端子の[12]に接続します。

○図2-8：ブレッドボードとArduino Unoの接続

これでボードの準備ができました。

次に、このLEDを制御するプログラムを作成します。Arduino IDEを起動し、メニューの[ファイル]⇒[新規ファイル]を選択して、新しいスケッチを作成します。新しく作成したスケッチで、「Blink」と同じ動作をさせてみましょう。リスト2-5を入力してください。

○リスト2-5：外部LED点滅のためのスケッチ

```
void setup() {
  // initialize digital pin 12 as an output.
  pinMode(12, OUTPUT);          ❶

  // initialize digital pin LED_BUILTIN as an output.
  pinMode(LED_BUILTIN, OUTPUT);          ❷
  // LED off
  digitalWrite(LED_BUILTIN, LOW);          ❸
}

void loop() {
  // LED on
  digitalWrite(12, HIGH);          ❹
  delay(200);          ❺

  // LED off
  digitalWrite(12, LOW);          ❹
  delay(200);          ❺
}
```

　setup()関数はpinMode()関数（❶）を使用してデジタル入出力端子の"12"を
OUTPUTに設定しています。その後にあるpinMode()関数（❷）とdigitalWrite()
関数（❸）は、ボードのLEDを消灯するために初期化しています。

　loop()関数では、「Blink」と同様にdigitalWrite()関数（❹）とdelay()関数（❺）を
使って、LEDを点滅させています（図2-9）。

○図2-9：点灯状態の外部LED

演習

1. 外部LEDを、3回点滅または別パターンで点滅させてみましょう。

割込みとタイマを
実装してみよう

　一般的なプロセッサには、それまで動作していた処理を一時中断し、あらかじめ用意されていた別の処理を実行する、割込み（Interrupt）機能 を持っています。割込み機能を利用すると、要求にすばやく応答する処理や、複数のことを実行する処理を作成できます。

　前章までのLEDを点滅させるプログラムは、delay()関数を使用してLEDの点灯時間と消灯時間を制御していました。Arduinoで使用しているマイコンにはタイマが内蔵されており、時間についての機能を簡単に利用できます。またタイマには割込み機能が付いていて、メインの処理の途中で別の処理を動作させることが可能です。本章ではタイマ機能とその割込み機能を実際に動作させてみます。

3-1　割込みについて

　割込み機能はマイコンだけでなく、PCやスーパーコンピュータも持っている機能です（図3-1）。

○図3-1：割込み機能の処理イメージ

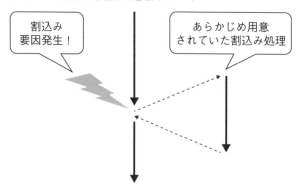

　PCなどではOS（Operating System）[注1]などが割込みを制御し、アプリケーションで直接割込み処理を記述することは少ないですが、マイコンで動作するプログラムでは、割込み処理もアプリケーション側で用意し、メインの処理と組み合わせて動作させます。割込み処理とメイン処理を組み合わせることで、より複雑な動作をさせることができます。

　単純な処理しか行わない場合は周期的な処理でも比較的簡単に実現できますが、処理時間が変動する場合、「100msごと（±1ms以内）に××をチェックして処理するかどうかを判断する」などの時間的な機能要求を実現することは難しくなります。このような場合はタイマ機能と割込み処理と組み合わせて、時間的な機能要求を実現する必要があります。

3-2　タイマ機能と割込み

　マイコンが持っている各種機能を使用するためには、それぞれの機能の**レジスタ**を操作する必要があります。レジスタは、マイコンやI/O用コントローラの動作を制御するためのメモリのようなもので、C/C++言語の変数と同じように読み書きすることで制御します。

　一般的なタイマ機能は**カウンタ**と呼ばれるレジスタを使用して、内部または外部からのクロック信号によって、0から1ずつ自動的に増加させる（アップカウンタ）もしくは設定した値から1ずつ自動的に減少させる（ダウンカウンタ）があります。

　タイマの割込み動作には大きく分けて2種類あります。1つは設定した時間がきたら1回だけで終了するタイプと、設定した時間がきたら最初の設定値から再度動作を繰り返すタイプです。タイマの動作とタイマに設定する値を組み合わせて、タイマは動作します。

　またタイマには設定した時間が来たら割込みを発生させる許可を設定しておくことが可能で、タイマ割込みと組み合わせることで、時間に関連するプログラムを作成できます。

注1）Windowsのような一般的なOSでは、I/O操作の処理部分を"ドライバ"と呼びます。マイコン用のプログラムでも、OS（一般的にはRTOSと呼ばれるOSを使うことが多い）を使う場合はドライバがI/O操作する場合もありますが、通常の処理からI/O操作する場合もあります。

　割込み用の処理はISR（Interrupt Service Routine）や**割込みハンドラ**（Interrupt Handler）と呼ばれ、割込みが発生したときに必要な処理を実行します。一般的にISRの処理はC/C++言語の関数で記述できますが、その関数の形式などは使用する開発環境によってルールが決まっているので、ルールに沿った関数形式で記述する必要があります。

3-3　タイマ機能を動作させてみよう

　Arduino Unoで使用しているマイコンには3つのタイマ注2があり、そのうちのTimer1を使って「Blink」と同じ動作をさせてみます。

　Timer1にはいくつかのModeがあり、比較的シンプルな使い方のNormal Modeで使用します。また1秒で割込みが入るように設定し、割込みが入ったときにLEDの点滅処理を実行します。

　リスト3-1を入力してみましょう。フローチャートは**図3-2**のとおりです。

○リスト3-1：Timer1を使用するプログラム

```
// counter for timer ISR
volatile int timer_counter;

// the setup function runs once when you press reset or power the board
void setup() {
  // initialize digital pin LED_BUILTIN as an output.
  pinMode(LED_BUILTIN, OUTPUT);

  timer_counter = 0;

  TCCR1A = 0;
  TCCR1B = 0;
  TCNT1  = 3036;           // 1sec
  TCCR1B |= (1 << CS12);   // CS12 -> 1 prescaler = 256     ❶
  TIMSK1 |= (1 << TOIE1);  // TOIE -> 1
}
// the loop function runs over and over again forever
```

注2）Arduino Unoで使用しているマイコンのATmega328Pは、タイマを3つ持っています。このうち、Timer0はdelay()関数などで使用しています。またTimer2はtone()関数で使用しています。Timer1はアプリケーションで使用可能ですが、他のModeや各レジスタの使い方などについては、仕様書や書籍、サンプルなどを参照してください。

```
void loop() {
}
ISR(TIMER1_OVF_vect) {
  if ((timer_counter % 2) == 1)
  {
    // LED on
    digitalWrite(LED_BUILTIN, HIGH);
  }
  else
  {
    // LED off
    digitalWrite(LED_BUILTIN, LOW);
  }

  timer_counter++;
  TCNT1 = 3036;        ❷
}
```

part
1

Chapter
1

Chapter
2

Chapter
3

part
2

Chapter
4

Chapter
5

Chapter
6

Chapter
7

Chapter
8

part
3

Chapter
9

Chapter
10

Appendix

リスト3-1のプログラム中にある「TCCR1A」「TCCR1B」「TCNT1」「TIMSK1」
は、それぞれTime1のレジスタで、Arduino IDEで定義されています。

setup()関数の❶では、TCCR1Bを

```
TCCR1B |= (1 << CS12); // CS12 -> 1  prescaler = 256
```

として、Timer1をNormal Modeに設定しています。Timer1のカウンタ(TCNT1)
はアップカウンタとして動作し、カウンタでカウントした値が最大になったと
き(カウンタがあふれたとき、とも表現します)、割込みが発生します。割込み
が発生すると、あらかじめ用意されているISR(TIMER1_OVF_vect)という関
数が呼び出されるので、この関数でLEDを点滅させます。

ISR(TIMER1_OVF_vect)では、外部変数のtimer_counterを使い、割込みが
発生した回数を数えています。このtimer_counterが奇数回目のときに点灯し、
偶数回目のときに消灯することでLEDの点滅を制御しています。

また末尾の❷の

```
TCNT1 = 3036;
```

によってTimer1のカウント値をセットし、次の割込みを発生させる準備を行い
ます。

リスト3-1のプログラムでは、繰り返し処理(loop()関数)の中身がなく、LED

の点滅は割込み処理で行っています。つまりloop()関数に別の処理を追加することで、LEDの点滅と同時に別の処理を行うことが可能です。

○図3-2：Timer1割込み処理関数（ISR（TIMER1_OVF_vect））のフローチャート

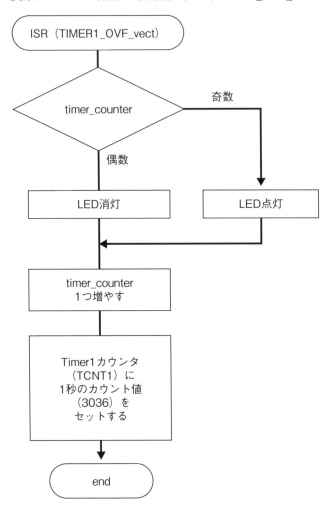

3-4　2つのLEDを別々に制御する

　前章で外部LEDの点滅プログラムを作成しましたが、本章のプログラムと組み合わせて、LEDを別々に制御できます。**リスト3-1**に**リスト3-2**のように追記してみましょう。

○リスト3-2：2つのLEDを別々に制御する

```
// counter for timer ISR
volatile int timer_counter;

// the setup function runs once when you press reset or power the board
void setup() {

  // initialize digital pin 12 as an output.
  pinMode(12, OUTPUT);                          }追記する行

  // initialize digital pin LED_BUILTIN as an output.
  pinMode(LED_BUILTIN, OUTPUT);

  timer_counter = 0;

  TCCR1A = 0;
  TCCR1B = 0;
  TCNT1  = 3036;            // 1sec
  TCCR1B |= (1 << CS12);    // CS12 -> 1 prescaler = 256
  TIMSK1 |= (1 << TOIE1);   // TOIE -> 1
}

// the loop function runs over and over again forever
void loop() {
  // LED on
  digitalWrite(12, HIGH);
  delay(300);
                                       }追記する行
  // LED off
  digitalWrite(12, LOW);
  delay(300);
}

ISR(TIMER1_OVF_vect) {
  if ((timer_counter % 2) == 1)
  {
    // LED on
    digitalWrite(LED_BUILTIN, HIGH);
  }
  else
```

```
  {
    // LED off
    digitalWrite(LED_BUILTIN, LOW);
  }

  timer_counter++;
  TCNT1 = 3036;
}
```

　setup()関数にはpinMode()関数によるデジタル入出力端子の[12]の初期化が追加されています。またloop()関数には、外部LEDの点滅処理が追加されています。点滅間隔がわかりやすいように、追加した点滅処理のdelay()関数の時間は"300"に変更しています。

　リスト3-2のプログラムでは、loop()関数は外部LEDの点滅処理だけを行っており、また割込み処理はボード上のLEDの点滅処理だけを行っています。

3-5　割込みを使用するメリット

　例えばエアコンの場合、一定の温度に保つための制御やリモコンの入力などがあり、すべての事象に対応するプログラムを1つの処理で行うと複雑になってしまいます。リモコンの入力はランダムに発生するため割込みで処理し、一定の温度に保つための制御は定期的に温度をチェックするなどの処理として役割を分けることによって、プログラムも単純になります。

　このようにメインの処理と割込み処理を組み合わせることで、並行して別の処理を動作させることが可能で、タイマやリモコンの入力などのイベント(事象)に対して素早く応答することができます。

　メインの処理と割込み処理だけでなく、さらに別の処理を行う必要がある場合は、処理方法の全体の工夫が必要になりますが、その場合でも割込み処理と組み合わせて動作させることによって、素早い応答や効率の良い並行動作を実現することが可能です。

3-6　割込み処理の注意事項

割込み処理はいくつか注意すべき点があります。

一般的な割込み処理の注意事項としては、割込み処理の処理時間をなるべく短くするという点があります。割込み処理の処理時間が長いと、他の割込み処理やメインの処理が遅れ、通信データなどが失われ、必要な応答ができなくなってしまう場合があります。また割込み処理からグローバル変数を操作する場合、その変数にvolatile宣言をすべきです。volatile宣言は、グローバル変数へのアクセス順序などを保証するために必要です。

Arduinoのプログラムでは、割込み処理内部ではdelay()関数を使用することはできませんし、millis()関数(プログラムの実行を開始したときから現在までの時間をミリ秒単位で返す関数)の戻り値も増加しません。

割込み処理ではいくつかの制約事項があり、loop()関数と同じコードで処理を作成できない場合があります。メインの処理と割込み処理のそれぞれでできることとできないことを理解し、役割を分けて処理を作ることが大切です。

演習

1. 3分間タイマを、割込み処理とloop()関数の組み合わせで作ってみましょう。

　(ア)時間経過を割込み処理でチェックする

　(イ)loop()関数でLEDの点滅を制御する

　　　①3分までは1秒間隔で点滅する

　　　②3分以降は0.5秒間隔で点滅する

part
1
Chapter
1
Chapter
2
Chapter
3
part
2
Chapter
4
Chapter
5
Chapter
6
Chapter
7
Chapter
8
part
3
Chapter
9
Chapter
10
Appendix

Part 2

組込みシステムを支える技術

　組込みシステムはマイコンや周辺機器をソフトウェアで制御することで実現しています。また組込みOSを導入し、ネットワークを経由して情報のやり取りを行うなど、用途の幅はさらに拡がっています。Part 2では、これらの要素を解説します。

Chapter 4 マイコン基礎知識

前章までは、マイコンが搭載されているボード（Arduino Uno）を使用して、実際の動作を確認してみました。

本章では、組込み機器で使用されているマイコンの中身（構成要素とその特徴）と、それぞれの要素の働きについて説明していきます。

4-1　コンピュータの構成要素

コンピュータは用途に応じて大きさや処理速度が変わりますが、どのようなコンピュータでも基本的な構成は変わりません。

コンピュータの構成要素は「**演算**」「**制御**」「**記憶**」「**入力**」「**出力**」という5つで、これらを「**コンピュータの5大要素**」と呼びます（**図4-1**）。そして演算装置と制御装置をまとめて「**CPU**（中央演算処理装置）」と呼びます。

コンピュータの5大要素がそれぞれ連携して、コンピュータとして動作します。

○図4-1：コンピュータの5大要素

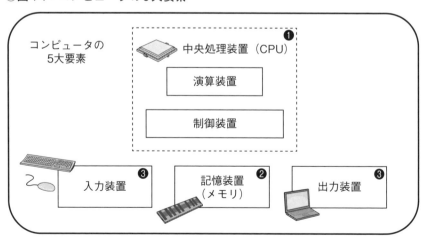

42

4-2　汎用コンピュータと組込み機器

　マイコンは、主に電気製品に組み込んで使用されているコンピュータです。

　マイコンの組み込まれた機器を**組込み機器**と呼び、マイコンを使った制御システムを**組込みシステム**と呼びます。組込みシステムでは、センサなどからのアナログデータを扱ったり、モーターなどのアクチュエータを制御したりします（図4-2）。

○図4-2：汎用コンピュータと組込み機器

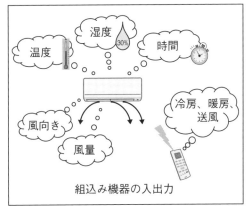

4-3　マイコンの構成

　では、マイコンの中身を見ていきましょう。

　マイコンは、1つのチップ上に、演算制御装置（CPU）、記憶装置（メモリ）が回路として組み込まれている半導体素子です。パッケージには金属の端子があり、この端子を使って外部装置との接続をします。そのため、回路には**ポート**と呼ばれる外部とのインタフェースのための回路も組み込まれています。さらに、制御する電子機器によってさまざまな周辺回路が付加されています（図4-3）。

○図4-3：マイコンの中身 (例)

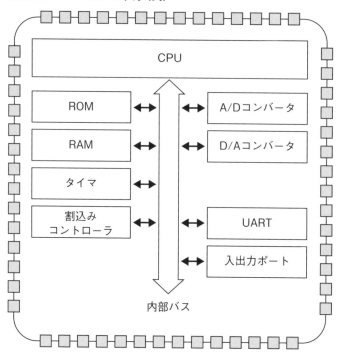

CPU

　CPU(Central Processing Unit：中央処理装置)はマイコンの制御・演算を行うところです(**図4-1❶**)。制御部と演算部で構成されており、おおよそ**図4-4**のような構成になっています。

　制御部は次の要素から構成されています。

- 命令レジスタ
　メモリから読み込んだ機械語命令を保持する
- 命令デコーダ
　読み込んだ命令の解読する
- プログラムカウンタ(program counter：PC)

○図4-4：CPUの制御部と演算部

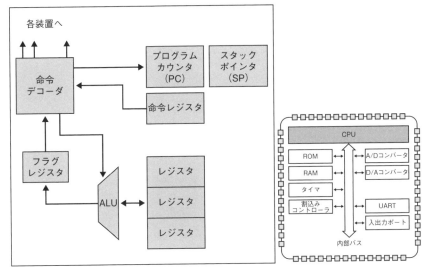

次に実行する機械語命令のアドレスを保持する

- スタックポインタ(stack pointer：SP)

メインメモリ上にあるスタック領域の最上段のアドレスを保持する

また演算部は次の要素から構成されています。

- ALU(Arithmetic Logic Unit)

演算を行う

- レジスタ(Register)

演算に必要な値を保持する

- フラグレジスタ(Flag Register)

演算結果が、正・負・ゼロのいずれの値なのか、桁あふれが起こったかどうかという情報を保持する

4-4　電源が入ってからの動作

マイコンに電源が入ってからの動作を、もう少し詳しく解説します。

電源が入ってからマイコンが動作を開始するまで

マイコンに電源を入れるとCPUが動き始めます。電源が入った直後はCPUの各レジスタやプログラムカウンタ（PC）などに、電源が入った直後に設定される初期値が自動的に設定され、動作を開始します。マイコンに入っているタイマや割込みコントローラなども同時に初期値が自動的に設定されます。

一般的には、CPUを割込み禁止に設定し、プログラムカウンタはリセットベクタと呼ばれるアドレスがセットされてから動作を開始します。タイマや割込みコントローラなども、勝手に動作しない設定の初期値がセットされます[注1]。

リセットベクタから動作する最初のプログラム

一般的にリセットベクタのアドレスは、**ROM**と呼ばれる読み出し専用メモリのアドレスになっていて、リセットベクタに書かれているプログラムから動作を始めます。

リセットベクタに書かれているプログラムは、**スタックポインタ**（SP）の設定（マイコンによってはプログラムカウンタとスタックポインタの両方が初期値として設定されるものもあります）や割込みコントローラの初期設定など、このあとに動作するプログラムのための初期化を行います。

初期化が終了したあと、プログラムの最初の処理（C言語の場合はmain()関数が一般的）が呼び出され、組込みシステムとして全体が動作を開始します。

マイコンの動作

マイコンは、あらかじめメモリに書き込まれているプログラムをCPUが順次読み出して、実行していきます。ここでは、温度を一定に保つエアコンの動作で考えてみましょう（**図4-5**）。

注1）　ウォッチドッグタイマ（watchdog timer：WDT）など、一部の機能は"動作する"設定の初期値がセットされる場合もあります。詳しくは使用するマイコンの仕様書を確認してください。

○図4-5：マイコンの動作

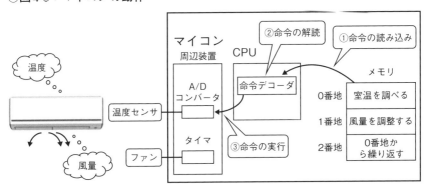

　マイコンは温度を一定に保つために、温度センサから現在の温度情報を取得し、その温度情報からファンの動作(風量)を決めます。この一連の動作はプログラムとしてメモリに書き込まれています。プログラムは複数の命令で構成されていて、命令を1つずつメモリから読み出し、解読し、実行します。具体的には次の順序で1つの命令を実行します。

①メモリから命令を読み込みます(Fetch)
②命令を解読します(Decode)
③命令に従って実行します(Execute)

　このように、メモリにある命令(プログラム)を順次実行しながらシステム全体が動作します。

メモリ

　メモリ(図4-1❷)には、プログラムやデータが保持されます。

　メモリは大きく分けるとROM(Read Only Memory)とRAM(Random Access Memory)の2つに分類され、それぞれ次のような特徴があります。

• ROM

電源を切ってもデータが消えない、読み出し専用のメモリ。主にプログラム

やプログラム実行中に変化しない定数を保存する

• RAM

データは自由に読み書きできるが、電源を切ると内容が保持されないメモリ。主にプログラムの変数を保存するのに使われる

Column　ROMとRAMにはいろいろな種類がある

ROMにはいくつか種類があり、製品製造時に記憶内容を書き込むマスクROM（mask ROM）、ユーザが一度だけデータを書き込むことができるPROM（Programmable ROM）、紫外線を照射することで記憶内容の消去ができるEPROM（Erasable Programmable ROM）、電気的に記憶されているデータを消去および変更と書き込みが可能なEEPROM（Electrically Erasable PROM）などがあります。

RAMにも、SRAM（Static RAM：スタティックラム）とDRAM（Dynamic RAM：ダイナミックラム）の2種類があります。SRAMはフリップフロップ回路で構成されていて高速なアクセスが可能ですが、コスト的には高価です。DRAMはコンデンサで構成されていて、安価で大容量なメモリですが、リフレッシュ動作（データの再書き込み）が必要で、リフレッシュ動作を行う専用のハードウェア（メモリコントローラ）の初期化をしてからでないと使用できないなどのデメリットもあります。

周辺機能

マイコンが電子機器を制御するために内蔵した仕組み（ユニット）を**周辺機能**と呼びます（**図4-1❸**）。たとえば、エアコンに組み込まれたマイコンを考えてみましょう（**図4-6**）。

エアコンを動作させるとき、電源が入ったことを示すLEDを制御する「ポート」や、時間を管理する「タイマ」、温度や湿度を検知するセンサの情報を取り込むための「A/Dコンバータ」などが必要です。これらはすべて、マイコンの周辺機能（それぞれをモジュールと呼ぶ場合もあります）を使用することで、「エアコン」というシステム全体を制御することが可能です。

○図4-6：マイコンの周辺機能

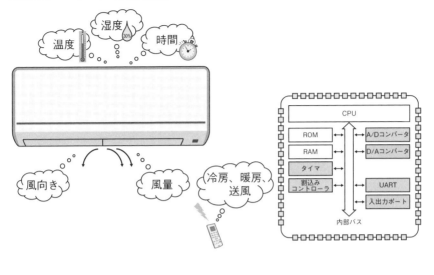

4-5 制御プログラムの形式（ポーリングと割込み）

　エアコンのように、温度を一定に保つように制御する場合、プログラムの構成は主にポーリングまたは割込みという形式が使用されます。複雑に制御する場合は両方の形式が混在することもありますが、基本的には、このいずれかの形式で制御します。

ポーリング

　マイコンのプログラムは、メモリからの命令の読み込みと実行を繰り返すことによって順番に実行されています。この順番に実行されるプログラムの中で、外部センサなどの状態を一定時間ごとにチェックして制御に反映する方法を**ポーリング**と呼びます。

　図4-7のように、繰り返し温度センサの状態をチェックして、風量を調節し、室内を一定温度に保つ制御の場合、ポーリング形式のプログラムによって全体を制御します。

○図4-7：ポーリング形式

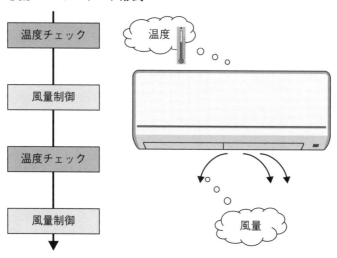

割込み

　ポーリングに対して、外部からの信号によって、プログラムの流れを変える
仕組みを**割込み**と言います。

　図4-8のように、リモコンで設定温度が変更された場合や風向きが変更され
たときなど、外部からの要求でプログラムの流れを変えて対応する必要がある
ときは、割込み形式のプログラムで対応します。

○図4-8：割込み形式

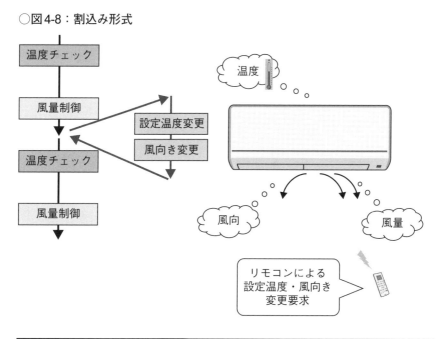

4-6 システムクロックとタイマ

マイコンが動作するためにはシステムクロックという信号が必要です。また多くのマイコンは、タイマ機能を標準で持っています。

システムクロックもタイマも、供給される信号によって動作や時間に関連する機能を実現しています。

システムクロック

マイコンは、**システムクロック**と呼ばれる発振器(ハードウェア)からマイコンに供給される波形の信号に合わせて動作しています(**図4-9**)。

マイコンは、このシステムクロックの信号を使用して命令実行の各手順を繰り返します。そのため、システムクロックが高い周波数だと命令実行の各手順が速く回り、処理速度も上がりますが、通常はハードウェアの制限によって、使用できるシステムクロックの上限が決まっています。

○図4-9：システムクロック

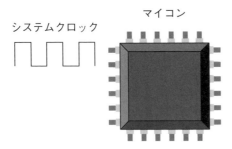

タイマ

　タイマは、システムクロックを基準時間として時間に関する制御を行います（図4-10）。

　たとえば、マイコンの端子に入ってくる波形の幅（時間）を測ったり、端子の状態を任意の時間で変化させることで、波形出力をしたりします。また、エアコンのお休みタイマのように一定の時間が経った後に処理するときにも、タイマが使われます。

○図4-10：タイマ

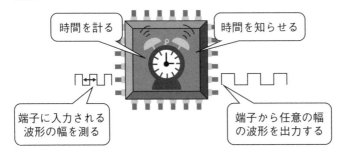

外部の情報を知るための周辺機能

マイコンで制御するには、外部はどのようになっているのか知る必要があり、また外部に情報（制御信号）を伝える必要があります。外部と情報をやり取りするために、いくつかの通信規格や仕様が用意されており、それぞれの規格や仕様に従った信号線の規格や手順を使用する必要があります。

本章では、マイコンを使用したシステム開発に必要となる、外部との情報交換のための周辺機能の仕組みについて説明していきます。

part
1
Chapter
1
Chapter
2
Chapter
3
part
2
Chapter
4
Chapter
5
Chapter
6
Chapter
7
Chapter
8
part
3
Chapter
9
Chapter
10
Appendix

5-1　シリアル通信

シリアル通信は、1ビットずつ順番にデータを送受信する通信・転送方式です。シリアル通信には、データ信号とは別にクロックデータを転送して転送データを同期させるクロック同期式と、同期信号を利用せずに、受信側と送信側とでデータフォーマット、データ転送速度を一致させておく非同期式とがあります。

UART

UARTはUniversal Asynchronous Receiver Transmitter（汎用非同期式通信回路）の頭文字をとったもので、代表的なシリアル通信[注1]の1つです。また通信方式は非同期式（調歩同期式）です。UARTの後に登場したUSART（Universal Synchronous Asynchronous Receiver Transmitter）というデバイスもあり、こちらは同期式の信号変換にも対応しています。

注1）　USBには仮想COMポート（仮想的なUART）として使用するためのCDCクラスが用意されており、現在でも
　　　PCと機器との通信などに使用されています。

UARTの信号と接続方法

　UARTでは、送受信するために送信(TxD)と受信(RxD)に1本ずつ、また送受信する機器同士のGNDを接続するので、信号線は最低3本になります。また通信は1対1でしか成立しません。

　その中で信号レベルを次のように規定したものをRS232Cと呼んでいます。

- 0：＋3V～＋15V
- 1：－3V～－15V

　図5-1のように接続し、お互いの通信速度とデータフォーマットを合わせることで送受信を可能にしています。

○図5-1：UARTの接続方法

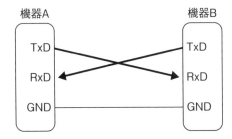

UARTの通信方法

　UARTは通信を開始する前に、通信速度の他に、データ部分の長さ(7 or 8ビット)、誤り検出符号のパリティビット(有／無、奇数／偶数)、ストップビットの長さ(1 or 2ビット)などをあらかじめ決めておく必要があります(図5-2)。通信はスタートビット(1ビット：0)から始まり、ストップビット(1 or 2ビット：1)までを1フレームと呼び、この1フレームで1つのデータとして扱います。

○図5-2：UARTの通信方法（フレーム）

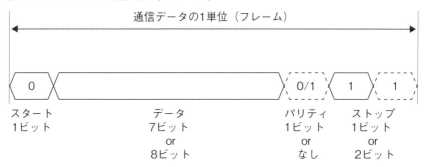

通信速度

通信速度は1秒間に何bitのデータを送るかで表現され、単位はbps（bit per second）を使います。例えば、1秒間に9600bit送るなら9600bpsです。

UARTは通信速度を決めて通信するため、データの送信（受信）時間は単純な計算式で算出できます。例えば9600bpsの場合、1bitの時間は（1/9600）秒（Sec）です。

・計算例：1文字（8ビットデータ）だけ送る場合、パリティなし、1ストップビット、9600bpsで1文字送る時間は次のようになる

1フレームの長さ
＝8ビット（文字コード）＋1ビット（スタートビット）＋1ビット（ストップビット）
＝10ビット

1ビットの転送時間＝1/9600＝0.104ms、1文字（10ビット）の伝送時間＝1.04ms
※UARTの通信速度（bps）には、通常「1200」「2400」「4800」「9600」「19200」「38400」「57600」「115200」などが使用される

I²C

I²C（Inter-Integrated Circuit）は、フィリップス社が提唱した方式で、主にセンサやEEPROMメモリなどの高速通信を実現する方式です（**表5-1**）。同じ基板内などのように近距離で直結したデバイスと、高速なシリアル通信の場合に使用されますが、離れた装置間の通信などには向いていません。

○表5-1：I²Cの通信速度

モード	通信速度
Standard-mode	100Kbit/s
Fast-mode	400Kbit/s
Fast-mode Plus	1Mbit/s
High-speed	3.4Mbit/s
Ultra Fast-mode	5Mbit/s

信号と接続方法

　通信はマスタ側とスレーブ側[注2]に役割が分かれ、2本の信号線を用いて通信します。またマスタ1つに対し、スレーブは複数接続できます(**図5-3**)。

○図5-3：I²Cの信号と接続方法

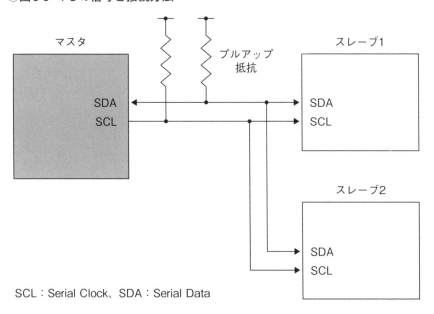

SCL：Serial Clock、SDA：Serial Data

注2)　マスタ/スレーブという用語については、メイン/レプリカという用語に変えようという動きがあります。
　　　本書では仕様書に記載されている用語のマスタ/スレーブとして表記しています。

通信フォーマット

I²Cの通信は、スタートコンディション（Start Condition）と呼ばれる通信の最初を示す信号から始まり、スレーブアドレス（Slave Address）や応答を示すACKなどを含めたデータおよび、ストップコンディション（Stop Condition）と呼ばれる通信の最後を示す信号までを1つのフォーマットとして通信します（図5-4）。

○図5-4：I²Cの通信フォーマット

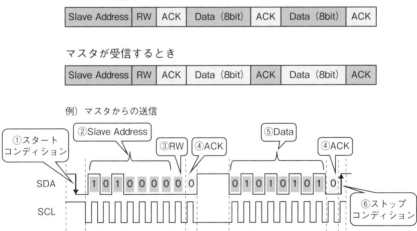

また通信全体はマスタが管理し、スレーブ側がデータを送信したい場合でも、最初にマスタ側が受信側になることをスレーブに対して送信し、その後スレーブ側がマスタに対してデータ送信を送信する必要があります。

SPI

SPI（Serial Peripheral Interface）はモトローラ社が提唱した方式で、クロックに同期させてデータ通信を行う同期式シリアル通信の1つです。センサやEEPROMとの通信などによく使われています。

○図5-5：SPIの信号と接続方法

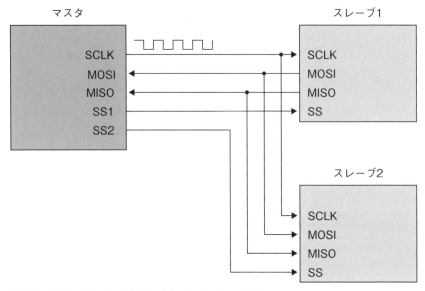

SCLK：Serial Clock、MISO：Master In Slave Out
MOSI：Master Out Slave In、SS：Slave Select

信号と接続方法

　通信はマスタ側とスレーブ側に役割が分かれ、4本の信号線を用いて通信します。またマスタ1つに対し、スレーブは複数接続できます（図5-5）。

通信フォーマット

　SPIの通信は、マスタが出力するクロック信号（SCLK）を基準にして、互いに向かい合わせて接続したMOSI（Master Out Slave In：マスタからスレーブに転送するデータを伝える信号線）とMISO（Master In Slave Out：スレーブからマスタに転送するデータを伝える信号線）で、同時に1ビットごとのデータを送受信します（図5-6）。常にマスタが主導権を持ち、8ビット単位のデータ通信が行われます。

○図5-6：SPIの通信フォーマット

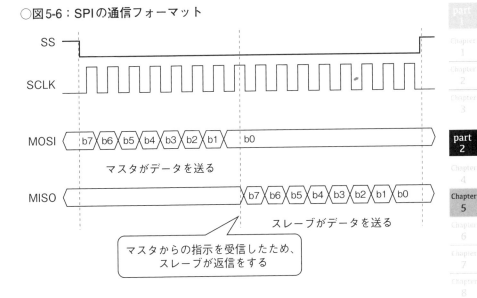

SS

SCLK

MOSI b7 b6 b5 b4 b3 b2 b1 b0

マスタがデータを送る

MISO b7 b6 b5 b4 b3 b2 b1 b0

スレーブがデータを送る

マスタからの指示を受信したため、
スレーブが返信をする

USB

USB（Universal Serial Bus）は、PCに周辺機器を接続するための規格の1つで、多くのPCにUSB機器を接続できるポートが搭載されています。

USBは機器を動作させるための電力をPCから供給でき、また、「ホットプラグ」という、データの送受信中でなければ、PCの電源が入っている状態でもUSBケーブルを抜いたり挿したりできる機能を持っています。さらに、USBハブを利用すれば複数の機器を接続できる機能も持っています。

通信速度

USBには表5-2のように、いくつかの規格があり、それぞれ伝送速度や給電容量が異なります[注3]。

注3）USB4の仕様が2019年9月3日に正式リリースされていますが、本書では割愛します。

○表5-2：USBの通信規格

規格名	転送速度	供給容量	コネクタ形状
USB1.0	12Mbps	2.5W	Type-A Type-B
USB1.1	12Mbps	2.5W	
USB2.0	480Mbps	2.5W	
USB3.0	5Gbps	4.5W	
USB3.1（Gen1）	5Gbps	100W（最大）	Type-A Type-B Type-C
USB3.1（Gen2）	10Gbps	100W（最大）	
USB3.2	20Gbps	100W（最大）	Type-C

USBのシステム構成

　USBは、バス・システム全体を制御するPCなどのホストとデバイスとの通信を行います（図5-7）。

　ホストはハブを使うことでポートを増やし、多数のデバイスを接続できます。ハブはカスケード接続が可能で最大5段まで接続でき、接続可能なターゲットの台数はハブを含めて最大127台です。

○図5-7：USBのシステム構成（例）

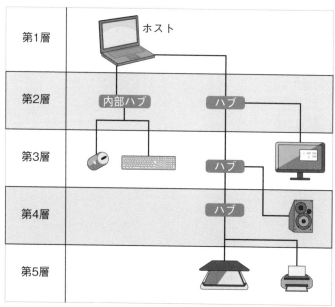

5-2　GPIO

　電圧の"High"と"Low"だけで制御するための仕組みをポートと言います。現在のほとんどのマイコンのポートは入力と出力が兼用で、プログラムでどちらを使うかを設定できるようになっています。そのため「**GPIO**（General Purpose Input Output：汎用入出力ポート）」と呼ばれます。

　GPIOは外部との直接的な入出力ができるため、スイッチ入力やLEDの点灯以外にも、表示やキー入力などの外部機器とつなぐために使われています（**図5-8**）。

○図5-8：GPIOを使用する表示やキー入力

5-3　アナログ情報

　外部の情報を知る方法は通信や直接的な入出力だけではありません。

　プログラムの外の世界、つまり我々がいる世界は、明確な整数で表現できるデジタルな世界ではなく、温度や風向きや速度や明るさなどの、数値として連続的な変化があるアナログな世界です。

　マイコンはこれらのアナログ値を直接扱うことはできず、デジタル信号だけしか扱うことができません。そのため、A/D変換器（A/Dコンバータ）を使用して、入力されたアナログ信号（電圧）をデジタル値に変換して計算や制御に使用します。またD/A変換器（D/Aコンバータ）を使用して、必要なアナログデータ（電圧）を外部に伝えます。

A/D変換

A/D変換器（Analog Digital Converter：ADC）はアナログ信号（電圧）をデジタル値に変換します。この変換には2種類の動作が必要で、アナログ量をデジタル量に変換する量子化と連続的に変化するアナログ量を一定間隔でサンプリングする標本化があります。

量子化とは、**図5-9**のようにセンサなどが出力するアナログ量（電圧）をあるbit幅のデジタル量に変換することで、このbit幅によってデジタルで表現できる精度が決まります。これを**分解能**と言います。

図5-9の例では温度センサが取得した温度が25℃、温度センサの出力は2.5Vとなり A/D変換器によって変換された値は2048（デジタル値）となります。この A/D変換器の分解能は12bitなのでデジタル量1当たり約0.012℃になります。同じセンサを使ってA/D変換器の分解能を16bitにすると、デジタル量1当たりの温度は0.012℃→0.00076℃となり精度が16倍向上することになります。このように分解能（bit幅）を高くすると精度が向上します。

○図5-9：A/D変換 (量子化)

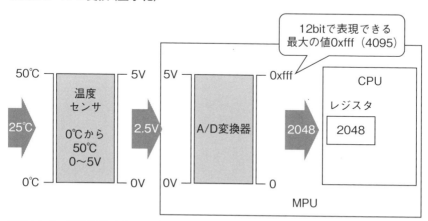

温度センサ：計測範囲が0℃～50℃　アナログ出力電圧：0-5V
A/D変換器：0-5V　12Bit（分解能）

　標本化とは、連続的に変化するアナログ信号を一定時間の間隔で取得することで、連続的に変化する状態を離散化することになります（**図5-10**）。この変換の時間間隔をサンプリングレートと呼び、1秒間で何回サンプリングするかの回数（周波数：Hz）で表現します。サンプリングレートと分解能が大きいほど元のアナログデータに近くなります。

　また、A/D変換器には量子化する際に変換時間という時間が必要です。標本化する際にはCPUにてA/D変換器から一定間隔で値を取得しますが、このときの間隔は変換時間より長くする必要があります。

○図5-10：A/D変換（標本化）

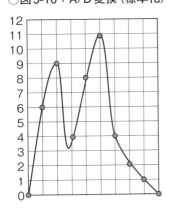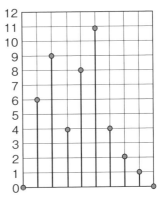

A/D変換の方式

　A/D変換の方式は、フラッシュ型、パイプライン型、逐次比較型、デルタシグマ型などいくつかあります（**表5-3**）。マイコンで比較的使われているのは逐次比較型です。

○表5-3：おもなA/D変換方式

名称	機能
逐次比較型	内部で比較用のアナログ電圧を作り、入力電圧との比較をビット数分だけ繰り返してデジタル値を得る
フラッシュ（並列比較型）	コンパレータをビット数分だけ並べて並列に比較をしてデジタル値を得る。他の方法に比べてもっとも高速
二重積分型	入力電圧を内部のコンデンサに蓄積してその放電時間を測定することでデジタル値を得る。他の方法に比べて変換速度は遅いが高性能
デルタシグマ型	ΔΣ（デルタシグマ）変調と呼ばれる回路を使う。高分解能が可能
パイプライン型	低分解能のA/D変化回路を複数個並べて同時に動作させる

D/A変換

　D/A変換器(Digital Analog Converter：DAC)はA/D変換とは反対にデジタル信号をアナログ信号に変換して出力する回路です。D/A変換の精度は、分解能(ビット数)と、変換後の信号が安定するまでの時間(セトリング時間)で決まります。

　図5-11はアナログ電圧でコントロールできる安定化電源に対しD/A変換器を用いて制御する場合の例です。出力電圧を24Vにしたい場合は、D/A変換器の出力を2.5Vにします。そのためにはD/A変換器にはデジタル値2048をセットします。このD/A変換機の分解能は12bitですからデジタル値"1"に対して0.0012Vになります。

○図5-11：D/A変換（デジタル値→アナログ量）

安定化電源：制御用アナログ入力：0-5V　　出力電圧　0-48V
DA変換器：0-5V　12Bit(分解能)

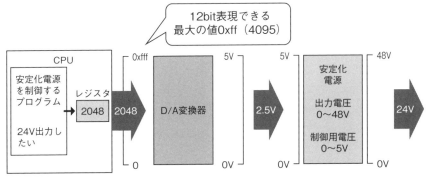

D/A変換ではCPU上で扱われている離散値を連続状態に変換しますが、離散値の補間はできないため、**図5-12**のように階段状に変化することになります。また、D/A変換する際にはセトリング時間が必要なため、CPUが値をセットしてから実際に出力されるまでに遅れが生じます。

○図5-12：D/A変換（離散値→連続値）

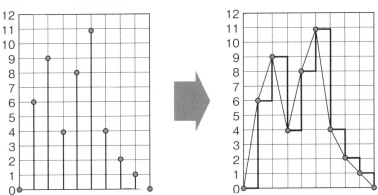

D/A変換の方式

D/A変換の方式にもいくつか方式があります（**表5-4**）。

○表5-4：おもなD/A変換方式

名称	機能
重み抵抗型	2進数の各ビットの重みに対応した抵抗値の抵抗を並列に接続して、OPアンプの加算器に入力し、出力値を得る
ラダー抵抗型	同じ抵抗値の抵抗をはしごのように接続して変換する
デルタシグマ型	ΔΣ（デルタシグマ）変調と呼ばれる回路を使う。高分解能が可能
PWM型	デジタル値をPWMで変調した信号を積分回路によってデューティ比に応じたアナログ出力の大きさに変換する

5-4　PWM

　データを伝送する際に最適な電気信号に変換することを「**変調**」と呼び、いくつかの変調方式があります。「パルス変調」は、矩形波（パルス）の振幅や幅、周期などを変調信号に応じて変化させる変調方式で、パルス幅変調（pulse-width modulation：PWM）、パルス振幅変調（pulse-amplitude modulation：PAM）、パルス密度変調（pulse-density modulation：PDM）、パルス位置変調（pulse-position modulation：PPM）、パルス符号変調（pulse-code modulation：PCM）などがあります。本節では、組込みシステムで使用されることが多い「**パルス幅変調（PWM）**」について説明します。

　PWMはパルスの'H'と'L'の幅を変える制御方式で、信号がHighのときに電流が流れる方法で使用すると、パルス幅が狭いときは小さな電流ですが、パルス幅が広いと大きい電流が流れます（**図5-13**）。この性質を使用して、各種アナログ的な制御に利用されます。

　PWMは専用のデバイスで用意されている場合もありますが、タイマ機能の設定として用意されている場合もあります。

○図5-13：PWMの信号

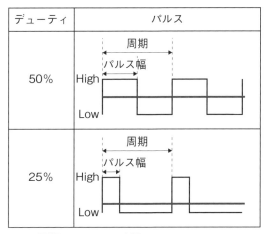

デューティ	パルス
50%	（周期、パルス幅、High、Lowの波形図）
25%	（周期、パルス幅、High、Lowの波形図）

・周期：'H'＋'L'の時間
・パルス幅：'H'の時間
・デューティ比：（パルス幅／周期）×100

PWMの応用

　PWMは、DCモーターの電圧制御に使われることが多いです（**図5-14**）。パルス幅が狭いと電流の流れが少ないので、低速で回転します。パルス幅が広いとモーターに多くの電流が流れ、高速に回転します。

　またPWMは、LEDの明るさ制御でも使用されます。パルス幅が狭いと暗く、パルス幅が広いと明るくなります。

○図5-14：PWMの応用例

●PWMによるモーターの回転制御

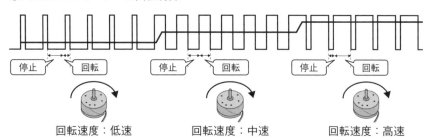

回転速度：低速　　　　回転速度：中速　　　　回転速度：高速

●PWMによるLEDの明るさ制御

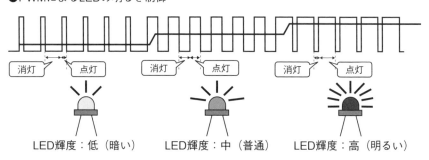

LED輝度：低（暗い）　　LED輝度：中（普通）　　LED輝度：高（明るい）

5-5　DMA

　DMA（Direct Memory Access）とは、CPUを介さずにメモリとメモリまたはメモリとI/Oデバイスの間で直接データを転送する機能やデバイスを指します。

　大量のデータを転送する場合、毎回CPUがメモリやI/Oから読み書きを繰り返すとCPUの負荷が大きくなってしまいます。そこで、DMAC（DMA Controller）という専用の回路を使って転送することでCPUの負荷を下げられます。DMACはデータ転送に最適化されているため、CPUよりも高速に転送できます。

○図5-15：命令実行によるデータ転送とDMAによるデータ転送の違い

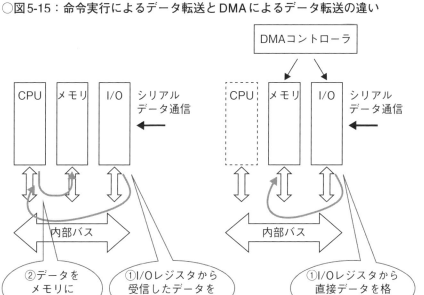

5-6　MMU

MMU（Memory Management Unit：メモリ・マネジメント・ユニット）は、メモリを管理するための機能です（図5-16）。

実際のシステムでは、メモリを連続で使えるとは限りません。その場合、間違って書き換えてしまったり、アクセス時間が長くかかったりする場合があります。MMUを使うと実際のアドレス（物理アドレス）を仮想アドレスとして連続してわかりやすいアドレスに変換できます。

○図5-16：MMUによるアドレス変換

MMUなし

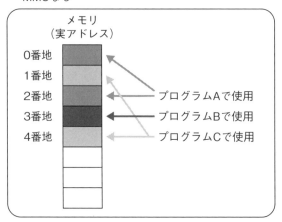

MMUあり

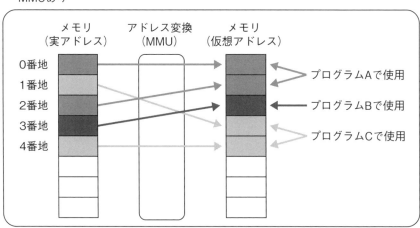

part
1
Chapter
1
Chapter
2
Chapter
3

part
2
Chapter
4
Chapter
5
Chapter
6
Chapter
7
Chapter
8

part
3
Chapter
9
Chapter
10

Appendix

Chapter
6

リアルタイムOS

CPUなどのハードウェアの制御とプログラムの実行状態を管理する基本的なソフトウェアを「OS（Operating System）」と呼びます。同時に複数のプログラムを効率良く実行させる機能や割込みの管理、入出力装置の状態を取込むなどの機能を持っています。

OSのうち機器にあらかじめ組み込まれたものを「組込みOS」と言います。機器のハードウェア制約（CPU性能、メモリ容量など）に最適化されているのが一般的で、機能も組込み機器の機能を実現することに特化されています。組込みOSを「リアルタイムOS（RTOS：Real-time operating system）」と呼ぶことがありますが必ずしも同じものではありません。

なお本章では、システムコールの具体的な仕様などは、組込みリアルタイムOS仕様として一般公開されている「μITRON仕様[注1]」を中心に説明します。

6-1　組込みOSを使う理由

比較的簡単なプログラムのみを実行する組込み機器では、OSなしでもアプリケーション自身で機能を実現できます。しかし複数のプログラムが協調して動作する機能や、通信と時刻管理を並行して実行する必要がある場合、ハードウェア制御や実行順序調整をアプリケーションで実現するのは困難になります。そこにリアルタイム性が必要になると、OSを使わないアプリケーションで実現する範囲を超えてしまいます。

PCなどで使用されている汎用OSでは、複数のプログラムが協調して動作する機能を持っていますが、できるだけ時間的に均等に動作させることが目的の

注1）　μITRON仕様書は、トロンフォーラム（**URL** https://www.tron.org/ja/specifications/）からダウンロードできます。

ため、特定の要求に直ちに応答するためのリアルタイム性を実現することは難しくなります。また、使われそうな機能はすべて盛り込んでいるため、必要とするメモリ量も多く、盛り込んだ機能をすべて動作させるために一定以上のCPUの性能が求められます。全体構造も複雑になり、後から不要な機能を削除することも難しくなっています。

　組込みOSは、マイコンが用意可能なメモリ量やCPU性能の中で、ハードウェア制御や実行順序調整機能を持っています。組込みOSを使用すると、機器に要求される複雑な機能を実現するために必要な最低限の機能はOSに任せられるので、開発者はアプリケーション開発に専念できます。

6-2　リアルタイムOSとは

　組込み機器のプログラムには、処理の実行開始から結果が得られるまでに時間制約があるものが一般的です。例えば自動ドアの挟み込み防止機能を考えてみます。挟み込み検知センサが反応してから10m秒以内にモーターに指示を出す必要がある場合、もし10m秒を超えてしまうと人やモノがドアに挟まれてしまうことになります。

　この規定時間以内に処理の結果が得られることを「**リアルタイム性**注2」と言います。**RTOS**はこのリアルタイム性を実現する機能を持つ（保証ではありません）OSのことです。

　機器組込みのOSは組込みOSですが、リアルタイム性を実現する機能がなければRTOSではないということです。RTOSの機能を持たないOSは汎用OSと呼ばれます。

RTOSと汎用OS

　RTOSとPCなどで使用されている汎用OSには基本的な考え方の差があります。

注2）リアルタイム性には、大きく分けて「ハードリアルタイム」と「ソフトリアルタイム」の2種類があります。ハードリアルタイムとは、処理が規定時間内終了しなかった場合に致命的なダメージが発生するものです。それに対してソフトリアルタイムは、規定時間内に処理が終了しなくとも致命的な問題とならず結果の価値が下がるものです。ハードリアルタイムとソフトリアルタイムは時間の長短で決まるものではなく、規定時間を越えてしまったときの結果の大小によって線引きされます。

　汎用OSは複数のソフトウェアをできるだけ時間的に均等に動作させること
を前提にしています。メールソフトやブラウザや音楽再生ソフトなど同時に複
数のソフトウェアが動作していますが、これらすべてが同じ程度の処理時間が
割り当たるように動作しています。

　一方RTOSは、リアルタイム性を実現することを最優先にすることが基本的
考え方です。リアルタイム性を実現するためには、優先的な処理により多くの
処理時間が割り当たるように動作します。

　以降では、リアルタイム機能を実現するためのRTOSが持っている機能につ
いて基本機能から説明します。

6-3　割込み

　割込みは、CPUに対して現在処理している命令を中断して別の処理を実行す
るように要求することができる機能です。割込み機能を使うことで、現在実行
しているプログラムの処理を中断して緊急性の高いプログラムを実行するよう
にできます。

割込みの種類

　割込みには入出力装置などの外部装置が発生元の「**外部割込み**」と、CPU内部
から割込み命令や例外が発生元の「**内部割込み**」に分類できます。これらをまと
めて割込み要因と呼びます。

外部割込みに対する挙動

　CPUに接続された外部装置の種類や状態の変化によって多くの要因の割込み
が発生します。例えばタイマLSIの定期的な割込み、入力ボタンの変化、USB
メモリスティックの挿入、バッテリー残量が少なくなったときなどに発生しま
す。これらは発生した時点になんらかの処理が実行されることを期待して発生
するものです。何の意味もなく発生する割込みはありません。外部割込み要因
がどのような処理を期待しているのかを事前に把握しておく必要があります。

内部割込みに対する挙動

　CPU内部が発生元の割込みです。割込みを発生する命令と（**TRAP命令**）やCPUが演算を続行できない不合理な状態（「**例外状態**」と言います）が発生したときに発生します。例外には0で除算した場合に発生するもの（ゼロ割）、CPUが読み書きできないアドレスにアクセスした場合（アドレス例外）、実行できない命令を実行した場合（命令例外）などがあります。例外はこれ以上CPUが処理を続行できないため、RTOSに問題解決依頼を通知するために使われています。

　割込みを発生させる命令はプログラムからRTOSに処理を依頼する（**システムコール**）などで使用されます。プログラム実行中にRTOSに緊急に処理を実行してもらうための仕組みと考えることができます。

割込みレベル

　要因の異なる割込みが同時に発生した場合にどちらの割込みを優先して処理するか（重要度）を決めるため、割込みレベルという優先順位があります。

割込み処理

　割込みが発生したときにのみ実行されるプログラムのことを「**割込み処理**」と言います。

　割込み要因ごとにプログラムを作成しておき、割込み要因がわかった時点で対応するプログラムを実行します。この割込みに対応するプログラムを「**割込みルーチン**（ISR：Interrupt Service Routine）」と言います。割込みルーチンは、RTOSの機能を使ってRTOSの一部として登録するか、CPUが持つ割込み処理を登録する専用のメモリエリア（ベクタエリア）に登録します（RTOSによって登録方法が異なる場合があります）。

　割込みルーチンのおもな処理は「**割込み要因の確認**」と「**対応する割込み処理**」と「**割込み要因のクリア**」です。

6-4　マルチタスクとコンテキストスイッチ

　「**マルチタスク**」（「マルチプログラミング」とも言います）は複数のプログラム

をイベントで分割してプログラムを切り替えながら処理していく方式です。また、マルチタスク環境では、切り替えるプログラムの単位を「**タスク**[注3]」と呼びます。

　タスクを作成したとき、タスクに固有なCPUのレジスタ状態などを含んだ管理情報が必要ですが、この管理情報をタスクの「**コンテキスト**」と呼びます（**図6-1**）。RTOSは複数のタスクを切り替えながら動作（**コンテキストスイッチ**）しますが、実行中のタスクを中断し、より優先度の高いタスクに切り替える動作を「**プリエンプション**」と呼びます（実行権の"横取り"とも言います）。タスクの中断が発生すると、その時点のCPUのレジスタ状態を「コンテキスト」に保存し、次に動作できる状態になったら中断時に保存したCPUレジスタ情報をCPUに書き戻すことで、中断した場所から再開します。その動作を「**ディスパッチ**」と呼びます。

○図6-1：コンテキストとコンテキストスイッチ

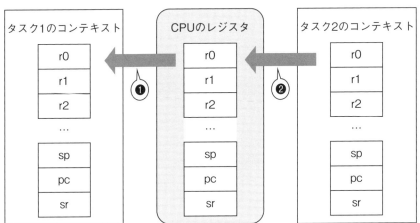

❶ タスク1からタスク2に切り替えるとき、現在動作中のタスク1のレジスタ情報を、タスク1のコンテキストに保存する
❷ タスク1のコンテキストを保存したあと、タスク2のコンテキストからレジスタ情報を設定する

注3）OSのメモリ保護の方法や考え方の違いなどによって、切り替えるプログラムの単位を「プロセス」や「スレッド」「タスク」と呼び分ける場合がありますが、本書では「タスク」で統一しています。

6-5 スケジューラとスケジューリングアルゴリズム

　スケジューラは実行可能になっている複数のタスクをどの順番で動作させるかを決めるRTOSの機能です。この順番を決める方法を**スケジューリングアルゴリズム**といい、おもな方式として「優先度ベース方式」と「タイムシェアリング方式」の2つがあります。

優先度ベース方式

　優先度ベース方式[注4]は各タスクに優先度を与え、優先度が高い順に実行していくものです（**図6-2**）。このアルゴリズムでは優先度の高いタスクが優先して実行され、タスクがCPUをプリエンプションされるのはさらに優先度の高いタスクが動作できるようになったときです。

○図6-2：優先度ベース方式のスケジューリング

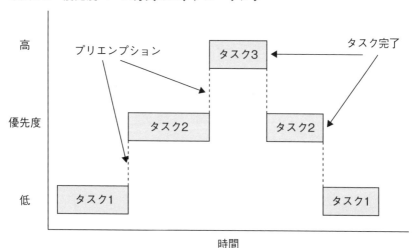

注4）プリエンプティブで固定優先度を使用する最適なスケジューリングとして、一般的なRTOSではレートモノトニックスケジューリング（Rate-Monotonic Scheduling：RMS）が採用されています。

タイムシェアリング（時分割処理）方式

　タイムシェアリング（時分割処理）[注5]は各タスクに対し均等にCPU実行時間の割り当てるもので、一定時間を越えてタスクが実行を継続しようとしても、スケジューラが別のタスクに切り替えます（**図6-3**）。タスクに均等に割り当てられる実行時間を「**タイムスライス（タイムクォンタム）**」と言います。

○図6-3：タイムシェアリング方式のスケジューリング

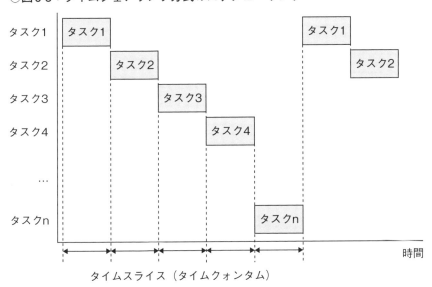

　リアルタイム性の必要なタスクには優先度ベース方式を用います。その理由として、タイムシェアリング方式はまだ処理が終わらない前にプリエンプションが発生してしまい、リアルタイム性を確保できないからです。

　RTOSにタスクを登録する際、どのスケジューリングアルゴリズムで実行するのか選択できるようになっているものもあります。

注5）各タスクを順番に実行することから「ラウンドロビン・スケジューリング」とも呼ばれます。

6-6　タスクステータス（タスクの状態）

　コンテキストのうち、タスクがどういう状態になっているかを管理する情報を**タスクステータス**と呼びます。呼び出されたシステムコールなどによって遷移したタスクの状態をスケジューラが確認し、次に動作させるタスクを決めます。

　タスクステータス（状態）には、次の5つの状態があります（μITRON4.0仕様書「3.2.1 タスク状態」より引用。**図6-4**）。

①実行状態（RUNNING）
　現在そのタスクを実行中であるという状態。ただし、非タスクコンテキストを実行している間は、非タスクコンテキストの実行を開始する前に実行していたタスクが実行状態であるものとする。

②実行可能状態（READY）
　そのタスクを実行する準備は整っているが、そのタスクよりも優先順位の高いタスクが実行中であるために、そのタスクを実行できない状態。

③広義の待ち状態
　そのタスクを実行できる条件が整わないために、実行ができない状態。言い換えると、何らかの条件が満たされるのを待っている状態。広義の待ち状態は、さらに次の3つの状態に分類される。

（ア）待ち状態（WAITING）
　　何らかの条件が整うまで自タスクの実行を中断するシステムコールを呼び出したことにより、実行が中断された状態。

（イ）強制待ち状態（SUSPENDED）
　　他のタスクによって、強制的に実行を中断させられた状態。

（ウ）二重待ち状態（WAITING-SUSPENDED）
　　待ち状態と強制待ち状態が重なった状態。

④休止状態（DORMANT）
　タスクがまだ起動されていないか、実行を終了した後の状態。タスクが休止状態にある間は、実行状態を表現する情報は保存されていない。タスクを休止

状態から起動するときには、タスクの起動番地から実行を開始する。

⑤未登録状態（NON-EXISTENT）

　タスクがまだ生成されていないか、削除された後の、システムに登録されていない仮想的な状態。

○図6-4：タスク状態遷移（μITRON）

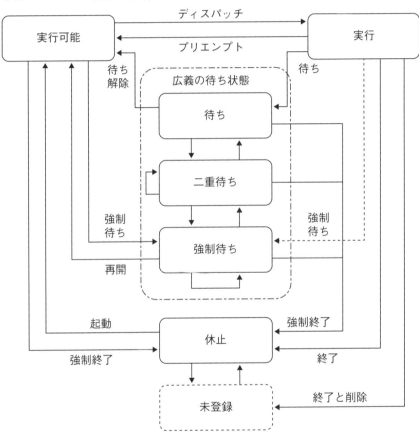

6-7　システムコール

　システムコール[注6]とは、タスクからRTOSの機能を直接使うためのインタフェースを指します（**図6-5**）。システムコールの実体はRTOS内部に実装されていますが、タスクからは関数（あるいはライブラリ）と同じ呼び出し方法で使用します。

○図6-5：システムコール

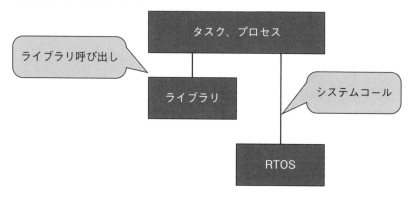

　RTOSのシステムコールには、タスクの制御（タスクの状態遷移を発生させるもの）、タスク間の同期、タスク間通信、排他制御、I/Oの入出力、ネットワーク入出力、タイマ・時計処理などがあります（**表6-1**）。システムコールのインタフェースはOSごとに異なります。同じような名称でも使い方は異なるため必ずシステムコール仕様を確認して使用する必要があります。

　システムコールが実行されている最中は、呼び出し元のタスクは、実質的な「待ち（WAITING）状態」となり、システムコールの終了まで実行されません。システムコールによっては処理時間のかかるものがあるので、システムコールの呼び出しによって中断される時間が許容されるのかどうか事前に設計しておく必要があります。

注6)　システムコールは、RTOSの仕様によっては「サービスコール」と呼ばれることもあります。詳しくは使用するRTOSの仕様書などを確認してください。

○表6-1：μITRONのシステムコール（一部）

機能分類	システムコール名	機能	機能説明
タスク管理	cre_tsk	create task	タスクを生成する
	act_tsk	activate task	タスクを起動する
	ext_tsk	exit task	タスクを終了する
	ter_tsk	terminate task	他のタスクを終了させる
	chg_pri	change priority	タスクの優先度を変更する
タスク付属同期	slp_tsk	sleep task	休止する
	wup_tsk	wake up task	休止タスクを起床する
	sus_tsk	suspend task	タスクの実行を中断する
	rsm_tsk	resume task	中断しているタスクを再開させる
セマフォ	cre_sem	create semaphore	セマフォを作成する
	sig_sem	signal semaphore	セマフォに資源を返却する（V操作）
	wai_sem	wait semaphore	セマフォから資源を獲得する（P操作）
イベントフラグ	cre_flg	create event flag	イベントフラグを作成する
	set_flg	set event flag	イベントフラグをセットする
	clr_flg	crear event flag	イベントフラグをクリアする
データキュー	cre_dtq	Create data queue	データキューを作成する
	snd_dtq	Send data queue	データキューへの送信する
	rcv_dtq	Receive data queue	データキューからの受信する
メッセージバッファ	cre_mbf	Create message buffer	メッセージバッファを作成する
	snd_mbf	Send to message buffer	メッセージバッファへの送信
	rcv_mbf	Receive from message buffer	メッセージバッファからの受信
メールボックス	cre_mbx	Create mailbox	メールボックスを作成する
	snd_mbx	Send to mailbox	メールボックスへの送信
	rcv_mbx	Receive from mailbox	メールボックスからの受信
メモリ	cre_mpf	create fixed-sized memory pool	固定長メモリプールを作成する
	get_mpf	get fixed-sized memory block	メモリブロックを取得する
	rel_mpf	release fixed-sized memory block	メモリブロックを返却する
その他	get_tim	get system time value	システム時刻を参照する
	set_tim	set system time value	システム時刻を設定する

part 1
Chapter 1
Chapter 2
Chapter 3
part 2
Chapter 4
Chapter 5
Chapter 6
Chapter 7
Chapter 8
part 3
Chapter 9
Chapter 10
Appendix

　また割込み処理から使用できるシステムコールの動作や種類には制限があります。割込み処理内では基本的にイベント待ちになるシステムコールは発行できません。発行可能なシステムコールはOSによって異なるので事前の調査が必要です。割込み処理内で使用が許可されていないシステムコールを発行した場合は、一般的にはエラーになります。使用が許可されていないシステムコールを使用した場合は致命的なエラーになる場合もあるので、OSの制限を確認してください。

6-8　メモリ管理

　メモリ管理には、メモリの空き管理と、CPUが持つMMU（Memory Management Unit）による管理の2つがあります。

メモリの空き管理

　メモリの空き管理はタスクの要求に応じて、メモリの確保、解放をするものです。タスクがメモリを要求すると、空き領域からメモリを確保してタスクにメモリを提供します。解放の場合は、空き領域の情報を更新します。

　複数回のメモリ確保、解放が実行されると管理上、使用中のエリアと空きエリアが混在した状態が発生します。これを「フラグメンテーション」と言います。フラグメンテーションにより、連続した空き領域が確保できなくなり、タスクのメモリ確保要求に応えられないことが発生します（図6-6）。

MMUによる管理

　MMUはCPUが持つハードウェアの機能で**メモリマッピング機能**と**メモリ保護機能**があります。CPUによってはMMUの機能が搭載されていないことがあります。またMMUを利用するにはOSがMMUに対応している必要があります。

メモリマッピング機能
　MMUによるメモリマッピング機能は、タスクから見えるアドレス（論理アド

○図6-6：メモリフラグメンテーション

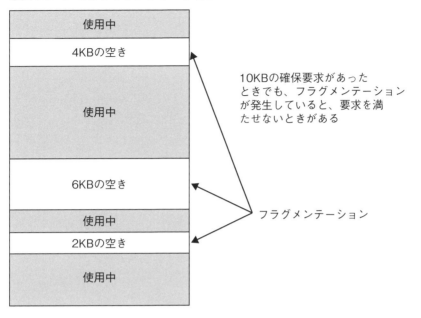

```
┌──────────────┐
│    使用中     │
├──────────────┤
│   4KBの空き   │        10KBの確保要求があった
├──────────────┤        ときでも、フラグメンテーション
│              │        が発生していると、要求を満
│    使用中     │        たせないときがある
│              │
├──────────────┤
│              │
│   6KBの空き   │
│              │
├──────────────┤        フラグメンテーション
│    使用中     │
├──────────────┤
│   2KBの空き   │
├──────────────┤
│    使用中     │
└──────────────┘
```

レス空間)と実際にプログラムが格納されているアドレス(物理アドレス空間)を別々に扱い、この論理アドレスと物理アドレスを対応付けるものです(**図6-7**)。メモリマッピング機能によりすべてのタスクの開始アドレスを固定の論理アドレス(例えば0x1000番地)にすることができます。

メモリ保護機能

　MMUのメモリ保護機能は、タスクがアクセスできるメモリアドレスを制限する機能です。タスクがRTOSの領域や他のタスクの領域をアクセスできると、プログラムの不具合などでデータや命令を破壊してしまいます。これを避けるためタスクのアクセス先を常にMMUが監視し、アクセス違反があれば例外を発生させてRTOSにタスクを停止させます。

○図6-7：MMUによるアドレス変換 (メモリマッピング機能)

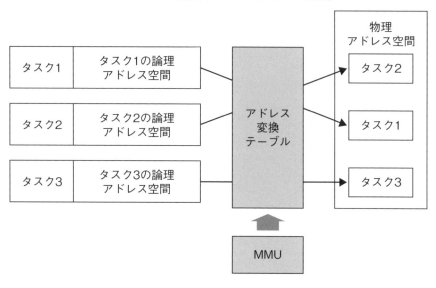

6-9　タスク間の同期

　複数のタスクが連携して機能を実現する場合には、タスク間で待ち合わせが必要になる場合が頻繁にあります。タスクが別のタスクから送信されるイベントを待つことを「**同期**」と言います。また、1つのフラグで複数のタスクの同期を行う機能が用意されており、この同期機能を「**イベントフラグ**」と呼びます。

　チェックとセットによって動作する仕組みは次のとおりです。

- イベントの発生を待つタスクがイベントフラグをクリアし、イベントの発生 (＝フラグがセットされる) を待つ
- 別のタスクがイベント発生を通知するためにフラグをセットすると、そのフラグを待っているタスクの待ちが解除され、フラグ情報が待っていたタスクに通知される

　RTOSは、フラグのクリアやセット、イベント発生を待つ (待ち状態にタスク

状態を遷移)、イベントが発生したら待ち状態から復帰する、という一連の機能をシステムコールとして提供しています。

6-10 排他制御

　共有資源を占有して操作する必要がある場合、その占有と解放を行うことを**排他制御**と呼びます注7。

　2つのタスクが同時に動作することは(シングルコアのCPUでは)ありえませんが、タスクはプリエンプション(横取り)によって処理の途中で別のタスクに切り替わる場合があります。もしこの横取りしたタスクが横取りされる前のタスクと同じメモリエリアを操作していた場合、双方のタスクが期待するメモリの内容にならない可能性があります。このように、1つの共有資源を2つ以上のタスクが操作する場合、その共有資源の使用が終わるまで占有しておく必要があります。

　RTOSは共有資源の排他制御に使用できる**セマフォ**と呼ばれるシステムコールを提供しています。セマフォには**P操作**と**V操作**があります。

セマフォのP操作

　RTOS内部のフラグ注8をONからOFFに変化させます。すでにフラグがOFFの場合はONになるのを待ちます。このときP操作を行ったタスクは待ち(wait)状態になります。

セマフォのV操作

　RTOS内部のフラグをOFFからONに変化させます。同時にその変化を待っているタスクの待ちを解除し実行可能にします。

　共有資源を占有したいタスクは、共有資源の占有前にP操作、共有資源の使用完了時にV操作をすることで、安全に占有できます。

注7) 共有資源の排他制御はシステム内部で決めるルールです。排他制御しなくても共有資源の参照や変更が可能なので、ルールを破るタスクがあると、排他的な操作はできなくなってしまいます。

注8) セマフォの内部フラグを「資源」と呼びますが、本文中の「共有資源」とは異なるので注意してください。

Column　セマフォの仕様（使い方）

　セマフォの仕様（使い方）には、内部のフラグをON/OFFの2つで制御する「バイナリセマフォ」と、数字のプラスマイナスで制御する「カウンティングセマフォ」があります。

　バイナリセマフォは、1つの共有資源を複数のタスクで使用したい場合、その共有資源にアクセスをする際には、1つのタスクのみに使用権を与える場合に使います。

　カウンティングセマフォは、共有資源に対して同時に使用するタスク数の上限でブロックする場合に使用します。また回数を伝える機能として使用できるので、割込みなどのイベントの発生回数を資源としてカウントし、上位タスクにイベントの発生回数を伝える場合などにも使用します。

　例えば通信が同時に4つに対して実施できる場合、4つ目までのタスクは使用権を与え、5つ目のタスクが使用する際にロックをかけたい場合に、カウンティングセマフォを使用します（通信を使っているタスクが通信を終了するまで5つ目のタスクは待たされます）。余分なタスクを動作させないことにより、通信中の応答速度などのサービス品質（QoS：Quality of Service）を確保することが可能です。

6-11　排他制御とデッドロック

　2つのタスクが2つの共有資源の一方をそれぞれ占有し、さらにもう1つの共有資源を確保しようとすると双方がまったく動けない「**デッドロック**」という状態が発生する場合があります（**図6-8**）。デッドロック状態に入ったタスクはその状態から回復することはできないので、デッドロックを発生させないように設計することが必要です。

　デッドロックを回避するために、一部のRTOSのシステムコールには、P操作で待ちに入らず、いったんエラーで終了するオプションがついているもの、一定時間待つとP操作がエラーで終了してくるオプション付きのもの、などがあります。

○図6-8：デッドロックが発生する例

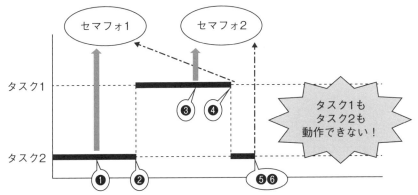

❶ タスク2がセマフォ1を獲得
❷ プリエンプションが発生し、タスク1に切り替わる
❸ タスク1がセマフォ2を獲得
❹ タスク1がセマフォ1を獲得しようとすると、すでにタスク2が獲得済みなので待ち状態に
❺ タスク2がセマフォ2を獲得しようとすると、すでにタスク1が獲得済みなので待ち状態に
❻ タスク1もタスク2も待ち状態になり、動作できない状態（＝デッドロック）が発生する

6-12　タスク間通信の種類

　複数のタスクでデータをやり取りする際、RTOSでは主に次の3種類のシステムコールを用意しています（使用するRTOSによって異なります）。

・データキュー
・メッセージバッファ
・メールボックス

　これらはそれぞれに特徴が異なるため、開発者はその特徴を理解したうえで、使用するシステムコールを選ぶ必要があります。

データキュー

データキューは「タスク間で固定長データのやりとりができる」「FIFO（First In First Out）[注9]構造であるため、データの順序性が保たれる」などの特徴を持っています（**図6-9**）。通信に使用するデータは固定長ですが、長さは任意ではなく、RTOSで決められています（データキューのデータサイズは8/16/32ビットといった小さいサイズになります）。

○図6-9：データキュー

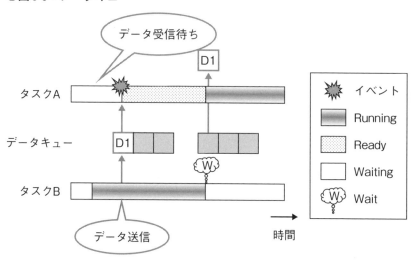

送受信で使用する領域の資源（データを保存できる領域）は有限になっています（**図6-10**）。つまり、データを受信することなく送信をし続けると、送信できる領域がなくなり、送信タスクが待たされる（受信タスクが受信して空きが出るまで待つ）ことになります。受信タスクは、受信できるデータがなければ、データが送信されるまで待たされます。

注9）　FIFO（First In First Out）は「先入れ先出し」とも訳されます。データ構造および操作の方法としては、LIFO（Last In First Out）（またはFILO（First In Last Out））というものもあり、こちらは「スタック」とも呼ばれます。

○図6-10：データキューのデータの流れ（FIFO）

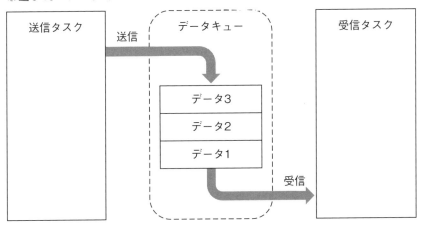

メッセージバッファ

メッセージバッファは、「タスク間で可変長データのやりとりができる」「FIFO構造であるため、データの順序性が保たれる」などの特徴を持っています（**図6-11**）。通信に使用するデータは可変長のデータを扱うことはできますが、最大長は決める必要があります。

○図6-11：メッセージバッファ

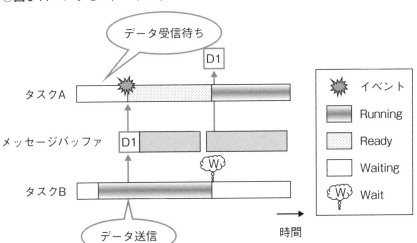

データサイズが可変にできるということ以外はデータキューとほぼ同じ機能です。

メールボックス

メールボックスの特徴はデータキューやメッセージバッファと大きく異なり、次のような特徴があります(図6-12)。

- データキューやメッセージバッファはデータを送受信する領域を保持しているが、メールボックスには送受信に使用する領域を持っていない(受信側が直接送信側のアドレスを認識することで送信データにアクセスする)
- 線形リスト構造であるため、送信データに上限値はない

メールボックスはデータキューやメッセージバッファと比べて自由度が大きいですが、メールボックスでデータを送信するときに送信タスクが送信データ領域を確保し、受信したタスクがその領域を解放する必要がある、などの使い方に注意が必要な点があります。

○図6-12：メールボックス

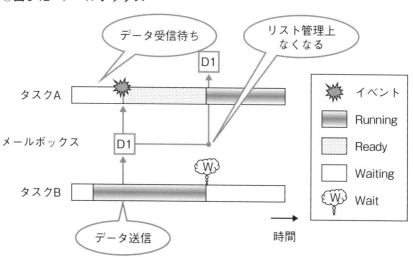

組込みプログラミングでの注意事項

組込みシステムのプログラミングでは、PC上で動作するプログラムに比べ、いくつか注意すべき点があります。本章では、組込みプログラミングで注意すべき点を説明します。

part
1

Chapter
1

Chapter
2

Chapter
3

part
2

Chapter
4

Chapter
5

Chapter
6

Chapter
7

Chapter
8

part
3

Chapter
9

Chapter
10

Appendix

7-1　メモリマップドI/Oとvolatile修飾子

入出力ポートなどの動作を設定するためにレジスタを操作しますが、ポートのレジスタは特定のアドレス(番地)に割り当てられていて、レジスタを変数と同じように操作して値を設定します。このような入出力(I/O)方法は**メモリマップドI/O**と呼ばれています。

たとえば3章のArduino UnoのTime1のカウンタ初期値の設定は、次のようになっています。

```
TCNT1 = 3036;  // 1sec
```

このTCNT1は、次のように定義されています(以降の定義はいずれもArduino IDEのファイルより)。

```
#define TCNT1    _SFR_MEM16(0x84)
```

また_SFR_MEM16()は次の2つの定義の組み合わせで定義されています。

```
#define _MMIO_WORD(mem_addr) (*(volatile uint16_t *)(mem_addr))
#define _SFR_MEM16(mem_addr) _MMIO_WORD(mem_addr)
```

TCNT1は0x84番地にある16bitのレジスタなので、その番地をメモリアドレスとして定義し、プログラム上では一般的な変数と同じように扱うことができるようにしています。

またメモリアドレスとして扱う定義の中で**volatile修飾子**も使用しています。

91

volatile修飾子は、コンパイラが最適化注1を行うときに、"途中の処理を省略してもよい"と判断されることを防ぐことができます。

コンパイラが最適化を行う例

例えば、IOPORT1が次のように、

```
#define IOPORT1 (*((uint16_t *)0xf000))
```

と宣言されていた場合、次のコードは最適化によって同じ変数に値をセットしているとみなされ、末行の❶(IOPORT1 = 0x0001;)だけになってしまう場合があります。

```
IOPORT1 = 0x1000;
IOPORT1 = 0x0abc;
IOPORT1 = 0x0001;     ❶
```

通常の変数では最適化は正しいはずですが、メモリマップドI/Oのレジスタとして操作する場合は途中の設定値も必要なので、コンパイラに省略しないように指示するためにvolatile修飾子を使用した宣言が必要です。

volatile修飾子を使った場合の例

上記の最適化の例を防ぐためには、次のようにvolatile修飾子を使用して、

```
#define IOPORT1 (*((volatile uint16_t *)0xf000))
```

として宣言し、次のコードが最適化によって省略されないようにします。

```
IOPORT1 = 0x1000;
IOPORT1 = 0x0abc;
IOPORT1 = 0x0001;
```

7-2 リエントラント（再入可能）処理

リエントラント（reentrant：再入可能）処理とは、複数の呼び出し元から同時

注1）コンパイラは、コードサイズの縮小や処理速度の向上を行うための最適化という機能を持っています。

に呼び出されても問題が起きないように作られている処理です。組込みシステムでは複数の処理が平行して同時に動作する場合が多いため、処理がリエントラントであることを求められることが多くあります。

　例えば、ある処理を実行中に割込みが発生したとき、元の処理で呼び出していた関数と同じ関数を割込み処理から呼び出す必要がある場合、その関数はリエントラントである必要があります。リエントラントでない関数であった場合、計算途中の結果が失われることもあり、予期しない動作を起こすなど、正しい処理ができなくなってしまいます。

　リエントラントな処理にするためには、静的変数やグローバル変数を使用しない、リエントラントでないプログラムやサブルーチンを呼び出さない、などの基本的な原則に従うことで実現できます。

　例えば、次のような処理はリエントラントではありません。リエントラントな処理が求められている場合は、グローバル変数を使用しない処理にする必要があります。

```
int t = 0;
void func(int x)
{
    t += x;
}
```

　リエントラントな処理は、ライブラリのように共通で使用される処理の場合に求められますが、すべての処理がリエントラントな処理である必要はありません。

7-3　ビット演算

　組込みシステムではタイマや割込みコントローラなどを直接制御することも多く、制御するためのレジスタはビットごとに意味があります。このため、プログラムもビット演算を使用して、意味を明確にして、見やすく理解しやすいコードを書く必要があります。

　Arduino Unoのタイマを使用したプログラムでは、

```
TCCR1B |= (1 << CS12); // CS12 -> 1  prescaler = 256
```

としてTCCR1Bの第2ビット（CS12は2として定義されている）に"1"をセット
しています。

　TCCR1Bの第2ビットは、入力クロックを1/256にするプリスケーラ
（prescaler：分周器）を有効にするためのビットで、この処理で入力クロックを
使用したい周期に変更しています。

　またLEDなどが接続されているのが特定のビットであったり、入力情報とし
て特定のビットが"1"もしくは"0"であることを調べたりすることも多くありま
す。このため、組込みシステムのプログラムでは、ビット演算がよく使用され
ます。

7-4　エンディアン

　エンディアン（endian）とは、複数のバイトを並べて数値表現するときのバイ
トの並び順の種類のことで、**バイトオーダー**（byte order）とも呼ばれます。

　エンディアンには大きく分けて、アドレス値の小さい方から並べる**ビッグエ
ンディアン**（Big Endian）と、アドレス値の大きい方から並べる**リトルエンディ
アン**（Little Endian）の2種類があります（**図7-1**）。

　CPUは必ずどちらかのエンディアンで動作していて、通常途中でエンディア
ンが切り替わることはありません。また自動的にエンディアンに合わせて動作
するため、数値計算についてはエンディアンを気にする必要はありません。

　ただしファイルデータや通信規約などではエンディアンが決められているの
で、現在CPUが動作しているエンディアンと異なる場合は、ビット演算などで
エンディアンを変換する必要があります。代表的な例として、拡張子bmpの画
像データファイルのデータはリトルエンディアンで格納されており、Ethernet
パケットのデータはビッグエンディアンでデータを扱います。

○**図7-1：ビッグエンディアンとリトルエンディアン**

数値の0x12345678をメモリに格納するとき、

・ビッグエンディアンの並び

アドレス値の小さい方　　　　アドレス値の大きい方

| 12 | 34 | 56 | 78 |

・リトルエンディアンの並び

アドレス値の小さい方　　　　アドレス値の大きい方

| 78 | 56 | 34 | 12 |

7-5　アラインメント

　CPUがメモリを読み書きするとき、CPUが自然に取り扱うビット幅の単位（word：ワード（16ビットや32ビットなど））ごとのアドレスにアクセスすることで、効率良く動作できます。またCPUによっては、ワード単位ごとのアクセス以外はメモリアクセス違反とする、というCPUもあります。このため、プログラムやデータを置くアドレスはワード単位で配置されるべきであり、通常はコンパイラやリンカが自動的に配置（**アラインメント**：alignment）します。

　例えば32ビットCPUの場合、ワード単位は4バイトですので、4バイトごとのアドレスに配置されますが、これを「4バイトアラインメント」と呼びます。

パディングにより構造体サイズが異なる場合がある

　データの取り扱いがワード単位とならない場合、データの定義などは注意が必要です。データの取り扱いがワード単位とならない場合でも、コンパイラはワード単位でアクセスできるように無駄な領域を追加（**パディング**）する場合があります。これはコンパイラによっては動作が異なる場合があるため注意が必要で、影響を受けないようにするためには、処理上の工夫も必要になってきます。

　次のような構造体データは、パディングがない場合は合計14バイトの構造体

になりますが、4バイトアラインメントでパディングがある場合は、合計20バイト（destinationとsourceが8バイト、typeが4バイト）の構造体になります。

```
struct
{
  unsigned char destination[6];
  unsigned char source[6];
  unsigned char type[2];
} mac_header;
```

7-6　割込み処理との競合

　割込みが入るタイミングはいつかわかりません。このためタスクと割込み処理が同じ変数を操作している場合、結果が期待したとおりにならない場合があります。

　例えばタスク1と割込み処理があり、それぞれ**図7-2**のような動作だとします。

○図7-2：タスク1と割込み処理の例（その1）

タスク1	割込み処理
①変数1←スイッチの状態	④LED消灯
②変数1がONだったら、	
③LED点灯	

　タスク1の処理と割込み処理が①⇒②⇒③⇒④の順番で実行されるときは、LEDは消灯しています。しかし、①⇒②⇒④⇒③と実行されるとLEDは点灯します。

　つまりこのプログラムは割込みが入るタイミングで結果が異なるということなります。原因は割込み処理とタスクが同じLEDという資源を操作しているにも関わらず、その資源を占有していないことにあります。タスク1が実行中は割込みが入ってこないように割込みを禁止しておくことが必要です。

　つまり**図7-3**のような処理構成にしておく必要があります。

○図7-3：タスク1と割込み処理の例（その2）

タスク1	割込み処理
割込み禁止	④LED消灯
①変数1←スイッチの状態	
②変数1がONだったら	
③LED点灯	
割込み許可	

7-7　割込み処理の注意事項

　割込み処理(ISR)の動作はCPUを占有して実行され、割り込まれたタスクは実行を中断されたままです。つまり割込み処理が終了しなければタスクの処理が完了できないことを意味しています。

　割込み処理では長時間の処理(メモリのコピーなど)やイベント待ちを行わないのが前提です。割込みをきっかけにメモリコピーなど時間のかかる処理が必要になった場合は、そのコピー処理を割込み処理ではなくタスクとして実現できないか検討する必要があります。

　また割込み処理内で、タスクが持つ資源の解放待ちのようなイベント待ちを発生させれば、簡単にデッドロックが発生します。このような状態にならないように割込み処理を設計しておく必要があります。

7-8　メモリの確保

　RTOSではメモリの動的確保／解放機能を提供するものがあります。事前にタスクごとのメモリ使用量を見積もれない場合は便利な機能です。

　一方でこのメモリの動的確保、解放機能には副作用があります。1つはオーバヘッドがあることです。このオーバヘッド時間もメモリの空き状態やアルゴリズムによって一定ではないことがあります。要求されるリアルタイム性と比較して余裕があるのかどうかを見極めておく必要があります。もしリアルタイム性の要求がきつい場合は事前の動的メモリの確保、解放の使用は断念せざる

を得ません。

　副作用のもう1つは動的確保時に、確保に失敗する可能性があることです。つまり必要なメモリが他のタスクに占有されてしまい、いざメモリ確保となったときに確保できない状態になる可能性があるということです。こうなると今メモリを確保しているタスクがメモリを解放してくれるまでイベント待ち状態になるしかありません。もちろんリアルタイム性は保証できなくなります。

　このような状況を避けるためには、タスクの動作開始時に必要なメモリを確保しておくという方法があります。タスクが動作する前か、動作時に確保しておくかの違いとなるので、リアルタイム性を意識する場合には事前にメモリ容量を確保しておくことが重要です。

7-9　優先順位の逆転

　優先順位の逆転とは、タスクのスケジューリングにおいて優先順位の高いタスクが必要としているリソースを優先順位の低いタスクが占有しているときに発生する状態です。

　優先順位の低いタスクがそのリソースを解放するまで優先順位の高いタスクが実行をブロックされるため、実質的に2つのタスクの優先順位が逆転します（図7-4）。

　優先順位逆転が一時的に発生し、それが設計上の意図であれば問題ありません。優先順位の異なるタスクがセマフォで排他制御する場合はこのようなことが発生することを想定し、評価しておくことが必要です。

○図7-4：優先順位の逆転の例

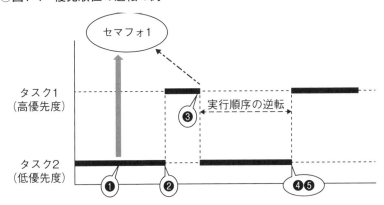

❶ タスク2がセマフォ1を獲得
❷ プリエンプションが発生し、タスク1に切り替わる
❸ タスク1がセマフォ1を獲得しようとすると、すでにタスク2が獲得済みなので待ち状態に
❹ タスク2がセマフォ1を返却し、優先度が高いタスク1にディスパッチする
❺ タスク2がセマフォ1を獲得している間、優先度が高いタスク1は待たせせれる（＝実行の順序が逆転する）

上限のない優先度逆転

　優先順位の逆転には上限のない優先度逆転と呼ばれる、状況によってはシステム全体が正常に動作できなくなる現象が発生する場合があります（図7-5）。

　一時的な逆転と同様に優先度が高いタスクと優先度が低いタスクで、リソースを優先度の低いタスクが占有した状態、リソースを使用しない優先順位が中のタスクが動作するとします。

　優先順位の低いタスクと中のタスクでは中のタスクが優先して動作します。こうなるとリソースを解放すべき優先順位の低いタスクが動作できません。つまりリソースが解放できないので優先順位の高いタスクも動作できません。この状態では動作できるのは優先順位が中のタスクだけになります。この状況がいつ解除されるかは優先順位が中のタスク次第となり、優先度が高いタスクがいつ動作できるのか、予測がつかなくなります。

　1997年に火星に着陸したマーズ・パスファインダー号の制御プログラムでも上限のない優先度逆転が発生し、システムが再起動に陥るという事態が発生したというのは有名な話です。

○図7-5：上限のない優先順位の逆転の例

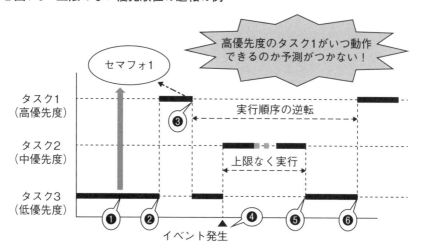

❶ タスク3がセマフォ1を獲得
❷ プリエンプションが発生し、タスク1に切り替わる
❸ タスク1がセマフォ1を獲得しようとすると、すでにタスク3が獲得済みなので
　 待ち状態に
❹ イベントが発生し、タスク2に切り替わる
❺ ディスパッチが発生し、タスク3に切り替わる
❻ タスク3がセマフォ1を返却し、優先度が高いタスク1にディスパッチする

ミューテックス（優先度継承プロトコル）

　上限のない優先順位の逆転を回避するためにRTOSが排他制御するための機能として、セマフォの他にミューテックス[注2]があります。

　ミューテックスは上限のない優先順位の逆転を防ぐための仕組みとして、優先度継承プロトコルと優先度上限プロトコルをサポートしています。優先度継承プロトコルは、ミューテックスをロックしているタスクの優先度を、ロックを待っているタスクの優先度の中で一番高い優先度に一時的に変更する（図7-6の χ の区間）ことで優先順位の逆転を防いでいます。

　また優先度上限プロトコルは、ミューテックスをロックしたタスクの優先度を、ミューテックス生成時に指定した上限優先度に一時的に引き上げることで優先順位の逆転を防いでいます。

注2）　ミューテックスは、優先度逆転を防ぐ機構を利用できる以外はバイナリセマフォと同等の機能ですが、ミューテックスではロックしたタスク以外はロックを解除できません。

○図7-6：ミューテックスを使用した上限のない優先順位の逆転の回避例

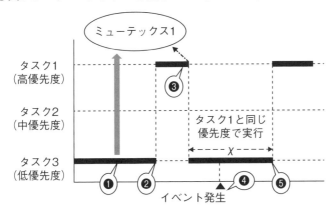

❶タスク3がミューテックス1を獲得
❷プリエンプションが発生し、タスク1に切り替わる
❸タスク1がミューテックス1を獲得しようとすると、すでにタスク3が獲得済みなので待ち状態に
❹イベントが発生しても優先度はタスク1と同じなので、タスク2に切り替わらない
❺タスク3がミューテックス1を返却し、優先度が高いタスク1にディスパッチする

通信サービスと
ネットワーク技術

　組込みシステムはネットワーク技術の進歩で大きな発展を遂げています。例えばスマートフォンの普及によりインターネットは非常に身近な存在となり、現在では私たちの生活にとってなくてはならない存在となっています。また、IoT(Internet of Things)によってさまざまな物がインターネットにつながるようになり、そこから得られた情報を活用することでさらに私たちの暮らしを豊かにする技術が生まれてきています。特にIoTの世界ではエッジと呼ばれる組込機器があり、さまざまな無線ネットワーク技術が使用されています。

　本章では現在のエンベデッドシステムにおいて重要な役割を果たす通信サービス、ネットワーク技術について解説します。

8-1　インターネット

　インターネット[注1]は、世界中のコンピュータなどの情報機器を接続するネットワークです。もともとは冷戦時代に、アメリカ国防総省が北米地域の軍事施設や大学のコンピュータ同士を接続したのが普及の始まりです。1990年ごろから世界的に広く使われ始め、現在では、私たちの生活や仕事などのさまざまな場面で使われる、不可欠な社会基盤(インフラ)となっています。

グローバルアドレスとローカルアドレス

　インターネットでは、相手先のIPアドレスさえわかっていれば、世界中のどことでも通信することが可能です。**IPアドレス**とは、通信相手(ホスト)を識別するための番号であり、現在、もっとも一般的に使用されているのは「**IPv4**」アドレスです。IPv4アドレスは32ビットのアドレスで、8ビットごとに区切った

注1) インターネットで使用されている通信プロトコルやデータの扱い方などは、任意団体のIETF(Internet Engineering Task Force)が作成し公開している、RFC(Request For Comment)と呼ばれる文章によって標準化が進められています。例えばIP(Internet Protocol)は「RFC791」で定義されています。

4つの数字(xxx.yyy.zzz.zzz)で表記します。

IPアドレスには**グローバルアドレス**と**プライベートアドレス**(または**ローカルアドレス**)があります。グローバルアドレスは世界で唯一になるように、世界的にはICANN、日本ではJPNICという機関で管理しています。私たちがPCなどの機器をインターネットにつなぐ場合、**図8-1**のようにルータを経由して接続します。このときルータのインターネット側のアドレスがグローバルアドレスとなり、インターネットサービスプロバイダが各ルータに付与します。PCなどの接続する機器はローカルネットワークで唯一のローカルアドレスをルータから付与されます。ルータはインターネットとローカルネットワークの橋渡しを行います。

またグローバルアドレスを設定するインターネット側(外部側)のネットワークを**WAN**(Wide Area Network)と呼び、ローカルアドレスを設定する内部側を**LAN**(Local Area Network)と呼びます。

○**図8-1：インターネットへの接続とIPアドレス**

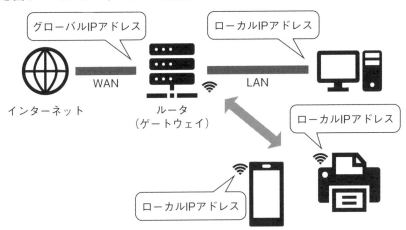

ルータはIPアドレスを見てWANとLANの通信を中継しますが、中継を許可する通信の種類や通信相手を制限することも可能です。IPアドレスの取り扱い方や中継する通信の選択など、規格の違うネットワークを中継する役割の機器として見た場合は、「ゲートウェイ」と呼びます。このため「ルータをゲートウェイとして設定する」というような表現も使用されます。

IPアドレスの範囲

　ルータは、ネットワーク内で使用できるIPアドレスの範囲かどうかを確認し、範囲外の通信を中継すべき通信として判断します。IPアドレスの範囲は、「**クラス**」と呼ばれる使用できるIPアドレスの範囲があり、その中で任意のアドレスを決めてPCなどの接続する機器に付与しています（**表8-1**）。

○**表8-1**：グローバルIPアドレスの範囲とローカルIPアドレスの範囲

種別	クラス	アドレス範囲
グローバルIPアドレス	クラスA	1.0.0.0 ～ 9.255.255.255
		11.0.0.0 ～ 126.255.255.255
	クラスB	128.0.0.0 ～ 172.15.255.255
		172.32.0.0 ～ 191.255.255.255
	クラスC	192.0.0.0 ～ 192.167.255.255
		192.169.0.0 ～ 223.255.255.255
ローカルIPアドレス	クラスA	10.0.0.0 ～ 10.255.255.255
	クラスB	172.16.0.0 ～ 172.31.255.255
	クラスC	192.168.0.0 ～ 192.168.255.255

　クラスによるアドレス範囲の割り当てはアドレスが無駄に浪費されるという問題があるため、現在では**CIDR**（Classless Inter-Domain Routing）という可変長のネットワークアドレスを扱う方法が使用されています。CIDRも、基本的にはクラスによる割り当て方法と同じ考え方です。

　近年ではさまざまな物がインターネットに接続されるため、IPアドレスの枯渇が深刻な問題となっています。この状況の打破を意図して次世代のIPの仕様が検討され、規格化されたものが「**IPv6**」です。IPv6では、IPアドレスに割り当てる情報を128ビットとして、提供されるアドレス空間はIPv4の2の96乗倍という広大さを持っています。

8-2　プロキシサーバ

　プロキシサーバは内部のコンピュータから外部へのアクセスを受信すると、

プロキシサーバが接続元として外部にアクセスし、応答が返ってくると内部の
コンピュータへその結果を渡します。外部の接続先から見るとプロキシサーバ
が接続したように見えるため、内部のコンピュータの存在を見えなくすること
ができます。

その他に、プロキシサーバは一度取得した外部の接続先から得たデータを自
らのストレージ(外部記憶装置)内に保存しておくキャッシュ機能があり、再び
同じデータに対してリクエストがあったとき、自らが保管しているデータを代
理として渡します。これにより内から外に対する通信回線の負荷を下げられま
す。

また、内部のコンピュータと外部への接続を仲介しているため、望ましくな
い接続先を設定してフィルタリングの実施や、外部からウイルスなど不正なデー
タが流入することを検知・抑止するファイアウォールのような役割を果たすこ
ともあります。

8-3 プロトコル

プロトコルとは通信するための約束事で、インターネットは世界標準のプロ
トコルを使用することによって、世界中のネットワーク機器を接続できたので
す。

標準的なプロトコルの階層構造としては、ISOが定めたOSI(Open Systems
Interconnection：開放型システム相互間接続)参照モデル(OSIモデル)がありま
す(表8-2)。このOSI参照モデルは今日のインターネットのプロトコル階層と1
対1に対応するものではないですが、インターネットのプロトコルとの対応を
表8-3に示します。

○表8-2：OSI参照モデル

名称		機能
第7層	アプリケーション層	具体的な通信サービスを提供する
第6層	プレゼンテーション層	データの表現方法を管理
第5層	セッション層	通信プログラム間の通信の開始から終了までの手順を管理する
第4層	トランスポート層	データを確実に届けるための誤り制御など
第3層	ネットワーク層	通信経路の選択やデータの中継など
第2層	データリンク層	直接的（隣接的）に接続されている機器間の通信
第1層	物理層	物理的な接続

○表8-3：OSI参照モデルとインターネットプロトコルの対応

名称		機能
第7層	アプリケーション層	FTP、HTTP、SMTPなど
第6層	プレゼンテーション層	
第5層	セッション層	
第4層	トランスポート層	TCP、UDP
第3層	ネットワーク層	IP、ICMP、ARP、RARP
第2層	データリンク層	Ethernet（IEEE802.3）、無線LAN（IEEE802.11.x）など
第1層	物理層	光ケーブル、同軸ケーブル、ツイストペアケーブルなど

TCP/IPとUDP/IP

　インターネットやイントラネットなどのコンピューターネットワークにおけるデータ転送に標準的に利用されているプロトコルです。OSI参照モデルに対応させると、TCPとUDPは第4層、IPは第3層に相当します。

　TCPはTransmission Control Protocolの頭文字で、信頼性の高い通信を実現するために使用されるプロトコルで、再送などの制御が行われます。

　また、UDPはUser Datagram Protocolの頭文字で、コネクションレス型のプロトコルで信頼性を確保する仕組みはありませんが、TCPに比べ処理が簡単で遅延が少ないという特徴があります。

TCPの特徴

- 信頼性が高い
- コネクション型プロトコル
- ウインドウ制御、再送制御、輻輳制御を行う

UDPの特徴

- コネクションレス型プロトコル
- 信頼性を確保する仕組みがない
- 処理が簡単で遅延が少ない

　その他インターネットでは、アプリケーション層としてユーザの操作の要求を受け、相手先への接続や応答を受け持つ次のようなプロトコルがあります。

- HTTP（HyperText Transfer Protocol）
- FTP（File Transfer Protocol）
- SMTP（Simple Mail Transfer Protocol）

8-4　Ethernet（IEEE802.3）

　PC向けLANの規格としてもっとも一般的なものがEthernet（IEEE802.3）です。1本の伝送路を多くのユーザで使うため、アクセス方式としてCSMA/CD（Carrier Sense Multiple Access with Collision Detection）を採用し、送信時に使用されていないことのチェックと送信後に衝突が発生したか否かを検出しています。比較的簡単にシステムが構成できるため多用されていますが、パケット数が多くなると衝突による性能劣化（通信時間が長くなるなど）が極端に発生する問題もあります。

　ケーブルは使用する帯域幅に合わせて、10BASE-T（ツイスト線で10Mbps対応）や100BASE − T（ツイスト線で100Mbps対応）、1000BASE-Tなどがあります。最近ではさらに高速な、Gigabit Ethernet（伝送速度1Gbps）、10Gigabit Ethernet（伝送速度10Gbps）が登場しています。

8-5　無線LAN（IEEE802.11x）

IEEE802.11xは無線LANの国際規格です。Wi-Fiという名称でPCやスマートフォンの無線LANの標準として定着しています。IEEE802.11の特徴は同時に複数の機器を接続でき、高速に大量のデータを送受信することが可能です。

本規格は常に拡張されているため、IEEE802.11に続くアルファベットで周波数帯、最大通信速度などの詳細な規格を示しています（表8-4）。

○表8-4：無線LANの規格

規格	周波数帯	最大通信速度
IEEE802.11b	2.4GHz	11Mbps
IEEE802.11g	2.4GHz	54Mbps
IEEE802.11a	5GHz	54Mbps
IEEE802.11n	2.4GHz	600Mbps
	5GHz	
IEEE802.11ac	5GHz	6.9Gbps
IEEE802.11ad（WiGig）	60GHz	6.8Gbps
IEEE802.11ax	2.4GHz	9.6Gbps
	5GHz	

8-6　Bluetooth/BLE

Bluetoothは、無線通信の規格の1つです。対応した機器同士を無線でつなぎます。有効範囲はおよそ10m以内です。国際標準規格のため、対応機器なら各国のどんなメーカー同士でも接続可能です。

Bluetoothの通信範囲

Bluetoothの通信範囲はClassという規格によって定められています。Classは1〜3の3種類あり、次のように分類されます。

• Class1：100mW（約100メートル）

- Class2：2.5mW（約10メートル）
- Class3：1mW（約1メートル）

　もっとも多くの製品に使われているのはClass2です。

Wi-Fiとの違い

　Wi-Fiは複数の機器を同時接続させることができるため、インターネットにつながるハブのような役割を果たすことができ、通信速度も非常に速く、大量のデータ通信が可能です。しかしながら、その分消費電力が大きいことが課題です。

　一方のBluetoothは、1対1での通信を想定して作られた技術で、通信速度・通信距離ともにWi-Fiと比べて弱いですが、消費電力が小さいため、スマートフォンやヘッドホーンなど持ち歩く機器に最適です。

BLE

　BLE（Bluetooth Low Energy）はBluetoothの規格の一部で、Bluetooth4.0で追加された省電力規格です。

　BLEでは接続確立やデータ通信など、大きな電力を必要とする動作にかかる時間を極力カットし、ボタン電池1個で約1年間の稼動が可能なほど、従来よりも大幅に消費電力を削減しています。この特徴を活かしIoT向けのセンサに組込まれるケースも増えてきています。

　ただし、省電力性を実現した一方で通信速度は低くなっているため、画像データや動画データなど、大規模データの通信には不向きです。規格上の最大通信速度は最新バージョンのBluetooth5.0では2Mbpsですが、BLEでは省電力性との兼ね合いなどの要因からおよそ10kbpsで運用されています。また一般的な使用距離について、BLEでは5メートル程度までの非常に短い距離に設定して運用されることが多いです。

8-7　LPWA

LPWA(Low Power Wide Area)とは、省電力で長距離の無線データ通信を行うネットワークです。BLEなどの省電力無線通信ではカバーできない範囲をカバーします。明確な国際規格はないため各国、各社でさまざまな方式が存在しますが、代表的なものを紹介します。

Sigfox

Sigfoxとは、フランスのSIGFOX社が提供しているIoT向けの無線通信規格です。日本では京セラコミュニケーションシステムが2017年からサービスを提供しています。

Sigfoxは、日本では免許不要の920MHz帯を利用し、最大通信速度は100bps(上りのみ)、伝送距離は最大10kmになります。低価格・省電力・長距離伝送が特徴で、主にセンサをターゲットとし、水道・ガス・電気などの社会インフラ、AED、空調などの設備、健康管理・見守り、物流、農業などでの分野で活用されています。

LoRa

LoRaはオープンな通信規格であり、広く普及させるためにLoRa Allianceという非営利団体が組織され、全世界の多くのIoT関連企業が加盟しています。

LoRaは、日本では免許不要の920MHz帯を利用し、最大伝送速度は250kbps程度、伝送距離は最大10km程度で通信できます。

Wi-SUN

Wi-SUNは、Wireless Smart Utility Networkの略で、スマートメーターなどに採用される無線通信規格です。

日本の情報通信研究機構(NICT)、米Elster、Itron、Landis+Gyr、Silver Spring Networksなどが創設した業界団体「Wi-SUNアライアンス」が、標準化、普及促進活動を行っています。日本では免許不要の920MHz帯を利用し、通信速度は数百kbps程度です。複数の端末がバケツリレー式にデータを中継し、遠

隔地まで届けるマルチホップ通信に対応し、低消費電力であることが特徴です。

EnOcean

EnOceanは、日本では免許不要の920MHz帯を利用し、超低消費電力の無線通信の規格です。

通信速度は125Kbps、最大通信距離は200mで超低消費電力であることから、エネルギーハーベスティング技術と組み合わせて利用することで、外部の電源供給を必要とせず動作するシステムを構築することが可能になります。

8-8　赤外線通信

赤外線通信はテレビやエアコンなどの家電製品のリモコンで使われています。最近各社から製品化されているスマートスピーカーにも家電をコントロールする用途で赤外線通信が組み込まれています。スマートスピーカーは家電のリモコンになりすまし、赤外線通信を使って家電をコントロールする仕組みになっています。しかし、家電をコントロールするリモコンについては国際規格などが存在しないため、各メーカーで方式が異なります。スマートスピーカーや汎用リモコンなどはさまざまなメーカーの方式に合わせられるような仕組みになっています。

赤外線通信の規格としてはIrDAという規格があります。この規格は近距離である程度大きなデータを送受信するための規格で通信距離は最大1.0m、通信速度は最大16Mbpsです。かつては携帯電話、デジタルカメラなどに内蔵されていましたが、最近ではBluetoothに置き換わっています。

8-9　RFID

RFID（Radio Frequency IDentifier）は、ID情報を埋め込んだRFタグから電磁界や電波などを用いた近距離（周波数帯によって数cm〜数m）の無線通信によって情報をやり取りする技術です。身近な例ではSuicaなどの交通系ICカードに

利用されています。

　パッシブタグとアクティブタグ、双方を組み合わせたセミアクティブタグの3種類があり、用途に合わせて使い分けることによりさまざまなところでの活用が期待される技術です。

パッシブタグ

　パッシブタグとは、リーダからの電波をエネルギー源として動作するRFタグで、電池を内蔵する必要がありません。このパッシブタグが非常に安価に生産できるため、非接触ICカードで適用され、また商品タグに埋め込まれることにより、無人会計システムが実現しています。

アクティブタグ

　アクティブタグは電池を内蔵したタグです。通信時に自らの電力で電波を発するため、通信距離がパッシブタグに比べ長く（1〜100m以上）取ることができます。またセンサと接続し、自発的にその変化を通知できるので、センサネットワークとしての用途が期待されています。

セミアクティブタグ

　セミアクティブタグは、電池を内蔵するアクティブタグの機能と、パッシブ方式で起動する、ハイブリッドタイプです。市民マラソンなどの参加者にこのセミアクティブタグを使用し、スタートやゴールラインでパッシブ方式の起動をかけることで、各選手の情報を高速でアップロードするなどの応用例が実現しています。この機能により、参加者それぞれのタイムなどの計測に利用することが可能です。

8-10　車載ネットワーク

　自動車にはECU（Electric Control Unit）と呼ばれる制御用の組込みコンピュータがいくつも搭載されています。最近ではエンジン制御、ハイブリッド制御、安全運転支援、ナビゲーション、ブレーキ制御、ボディー制御などの用途で、1

台の自動車で数十個のECUが搭載されています。ECU間は車載ネットワークで結ばれ連携して動作しています。

　また車載ネットワークは故障診断のためにも重要な役割を担っています。将来的には自動車内部だけではなく道路などのインフラとの連携、自動運転に向けて地図などの情報の共有のためのクラウド接続など外部との接続を担うことになります。

CAN

　CAN（Controller Area Network）はコントローラ同士を一斉同報で送受信する通信方式で、自動車をはじめ輸送用機械、工場、工作機械、ロボットなどで利用されています。ノイズの多い環境で使用することを想定しているため、信号線に＋側、－側を設けた差動伝送方式を採用するなど耐ノイズ性に優れた堅牢な規格です（図8-2）。

○図8-2：CANのノイズ耐性

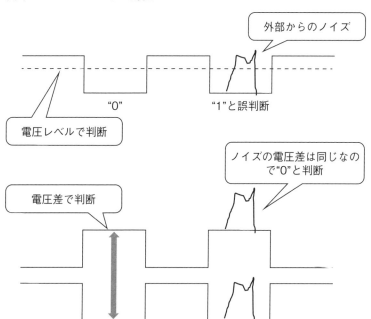

外部からのノイズ

"0"　　　　"1"と誤判断

電圧レベルで判断

ノイズの電圧差は同じなので"0"と判断

電圧差で判断

113

CANの特徴

● 高速で確実なデータ共有

　高速CANであれば最大1Mbpsの通信速度を実現し、さまざまなエラー検出メカニズムを実装しているので、ほぼ100%の確率で各種エラーを検出可能です。さらに、もし1つでも異常なデータ送信が発生すれば、すべてのデータを削除して再度すべてのノードにデータを送り、成功するまで繰り返す方式を採用。加えてアビレーションやノイズ耐性によって高速かつ安全なデータ転送が行えます。

● 柔軟なシステム構築が可能

　CANでは通信データの中に識別のためにIDを付けて送信する「メッセージ・アドレッシング」が行われます。そのため受信する側は、IDからデータの内容を判別できます。車載ネットワークであればエンジン制御のデータをメーターやエアコンなどと同調させることが容易です。柔軟なシステム構築に加え、データを全体で共有するため自己診断を一発で行えるなどのメリットがあります。

CANの用途

　CANは自動車の中でもパワートレイン系、ADAS(高度運転支援)系、ボディー系などの制御系のECU間で利用されています。また制御以外に故障診断にも利用されています。

車載Ethernet

　クルマがより便利になるために、外の世界とつながりや自動化・電動化が進んでいく状況では、大量の通信データをより速く届けることが求められています。車載カメラ画像のデータなど、CANだけでは通信速度が間に合わないデータも増えてきたため、現在のインターネットの基盤技術の1つであるEthernetを、車載でも使用することが実用化されてきています。

自己診断機能(OBD)

　OBD(On-board diagnostics)とは、自動車各部に取り付けられたECUにプログラミングされている自己診断機能です。元は排ガス対策として自動車メーカー

個々の規格で搭載された機能ですが、ECUの搭載が増えるにしたがって自動車メーカー間で統一が図られ、現在ではOBD Ⅱとして自動車共通の故障診断規格になっています。

近年ではこの機能を利用して自動車の状態をリアルタイムに参照できるスマートフォン用のアプリケーションも作られています。

8-11 セキュリティ

スマートフォンの普及やIoTなど技術の進化に伴い、あらゆるものがネットワークにつながるようになってきています。このような世界においてセキュリティは重要な事項です。ここではネットワークセキュリティについて簡単に触れます。

VPN

特定な人や場所を物理的に専用の回線を使ったネットワークがプライベートネットワークです。特定の人のみが使うことができるため、高いセキュリティを保つことができますが、非常に大きなコストがかかります。

そこで、物理的には共有のネットワークを仮想的にプライベートネットワーク化したものを「VPN（Virtual Private Network）」と言います。コストは抑えつつ専用線を構築したときと同等のセキュリティを確保できます。

SSL/TLS

特定な人や場所を結ぶだけでシステムを構築できる場合はVPNで可能ですが、さまざまな人や物が接続できるネットワークではVPNを導入することはできません。そこで暗号化して送受信できる技術が必要となります。

SSLはインターネットで主流のプロトコルであるTCP/IP上でデータを暗号化して送受信する技術で、現在インターネット上でセキュアに通信する仕組みとしてもっともよく使われている技術です。インターネットによる通販などの決済システムでも使われています。

SSLは3.0以降、TLS1.0という名称に変更されました。ただしSSLの名称

がまだ一般に広く認知されているため、**SSL/TLS**(Secure Sockets Layer/Transport Layer Security)と併記されることも多いです。

WPA

　Wi-Fiはさまざまな機器を無線でつなぐことができるため非常に便利な方式である半面、無線でつながってしまうため、不特定の人がアクセスできてしまいます。そのため、情報漏洩やなりすましなどというセキュリティ上の問題が発生してしまいます。これを防ぐための暗号化技術が**WPA**(Wi-Fi Protected Access)です。Wi-Fiルータとスマートフォン、プリンタなどの機器を接続する際にもっともよく使われる暗号化方式です。

　WPAにはAES方式、TKIP方式、WEP方式などの方式があり、それぞれの特徴は次のとおりです。

・**WEP方式**

　WEPキーと呼ばれる固定の暗号化キーを登録する暗号化方式(暗号化キーは変更されない)

・**TKIP**(Temporal Key Integrity Protocol)**方式**

　一定時間おきに自動的に暗号化キーを変更する強力な暗号化方式

・**AES**(Advanced Encryption Standard)**方式**

　通信中でも自動的に暗号化キーを変更し続けるさらに強力な暗号化方式

Part 3

組込み開発の
流れを知ろう

前章までは、組込み環境におけるソフトウェアを開発するうえで必要となる技術について解説してきました。Part 3では、ソフトウェア開発プロジェクトをどのような手順や考え方で進めればよいか、という開発プロセスについて説明します。

Chapter 9 開発プロセス

どの開発現場においても、それぞれの現場で定義されている開発プロセスに従って開発していますが、その定義はそれぞれのプロジェクトによって異なります。本章で解説する開発プロセスは特定の現場を意識したものではありません。開発現場で作業をしている読者については、現場で実施している内容に置き換えて読んでください。

なお、本章は基本情報技術者試験レベルの知識を持っていることが前提です。次章で用語を解説していますが、わからない言葉などがあれば、より詳しい資料などを参照ながら読むとよいでしょう。

9-1　開発プロセスとは

開発プロセスとは、組込み製品を作るために必要なソフトウェアを開発していく手順を示したものです。

開発プロセスは、「ソフトウェアの品質の確保」と「納期の順守」を達成するためにソフトウェアの開発の段取りを定義したものになります。定義した開発プロセスに沿って開発をすることで、「どこで品質を確保するか」が明確になり、また「開発のペースが妥当か」ということが判断できるようになります。

どんなに技術力があっても開発プロセスの知識がない、または有効に活用しなければ、ソフトウェア開発はうまくできません。技術と並んで重要な知識であることを認識してください。

企業やプロジェクトによって開発プロセスは異なりますが、開発プロセスを大きく分けると「設計」⇒「実装」⇒「テスト」の手順に分かれます。

現在、いくつかの開発プロセスが定義されています（例：V字モデル、W字モデル、スパイラルモデル、ウォーターフォールモデル、プロトタイプモデル）。昨今ではCI/CD（継続的インテグレーション／継続的デリバリ）のニーズにより、アジャイル型開発技法を製品開発に取入れているプロジェクトも増えてきてい

ます。

　本書ではソフトウェア開発の基本である、V字モデルをベースに開発プロセスを解説します。

V字モデルとは

　V字モデルは次の特徴があります。

- コーディングを境界に設計・テストが分離されている
- 設計は要件から徐々に詳細化をしていく（トップダウンアプローチ）
- テストは小さい単位からくみ上げていく（ボトムアップアプローチ）

　テストをする際はそれぞれ該当する設計が存在しており、「設計どおりに作られていることを検証する」ということを確認します。このため、各設計に対するテストをセットで考える必要があり、開発プロセスとしてはV字型で表現されます。

　V字モデルは、一般的には**図9-1**のように表現されます。

　本書では「組込みソフトウェア向け開発プロセスガイド（ESPR）を基準とする」「開発言語はC言語とする」という前提条件でV字モデルを解説します。

　以降では、開発プロセスで定義されている工程ごとの詳細を説明します。工程ごとで解説したほうがよい用語については、次章で説明しています。

○図9-1：Ｖ字モデル

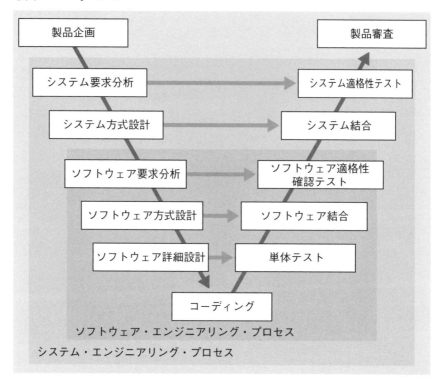

9-2 ソフトウェア要求分析

　ソフトウェア要求分析では、製品の全体像が決まっている中で、ソフトウェアに対しての要求を決定します。ここで明確にするのは次の要求です。

- ソフトウェアに対する機能要件の明確化

　ソフトウェアに実装しなければならない機能をすべて洗い出します。

- ソフトウェアに対する非機能要件の明確化

　非機能要件は機能要件では表現できないもののことであり、一般的には、性能や信頼性、拡張性、運用性、セキュリティなどを指します。

•ソフトウェアを開発するうえで、準拠・意識しなければならない規格[注1]

　開発する製品によっては、遵守すべき規格が存在する場合があります。規格によって、ソフトウェアの開発の仕方が変化するため、規格の詳細を知っておく必要があります。一般的には、各開発者が規格の知識がなくても問題が発生しないよう、開発を始める前に開発工程ごとにルール化し、各開発者はそのルールを守ることで規格に沿った開発ができるようにしています。代表的な規格としては、ISO/IEC 9126-1（ソフトウェア品質モデル）、ISO 9241（ユーザビリティ）、ISO 13407（人間中心設計プロセス）、IEC 61508/ISO 26262（機能安全）などがあります。

•再利用ソフトウェアの有無

　機能要件・非機能要件を実現するために、すでに存在しているソフトウェアで再利用可能なものがあれば、それを再利用することで、開発期間の短縮ができます。再利用すべきソフトウェアは存在するのか、存在する場合はそれが何かを定義します。

　本工程の成果物として、ソフトウェア要求仕様書を作成します。ソフトウェア要求仕様書を作成するための手順は次のとおりです。

•ソフトウェア要求仕様書を作成するための"元となる情報"の収集
•収集した情報を元にソフトウェア要求仕様書を作成（この段階でリスクがあればリスク一覧を作成）
•作成したソフトウェア要求仕様書、リスク一覧に対してレビューを実施

　またソフトウェア要求仕様書には次のような項目が含まれていることが必要です。

•スケジュール（納期）
•使用するソフトウェア
•使用する環境

注1)　代表的な国際標準化団体としてISO（International Organization for Standardization：国際標準化機構）やIEC（International Electrotechnical Commission：国際電気標準会議）があり、工業規格だけでなく、開発工程の標準化規格の策定などの活動が行われています。

- ハードウェアとソフトウェアの機能分担
- 対応すべき規格
- 環境制約事項
- 非機能要件(信頼性、保守性、使用性、移植性、効率性、その他ソフトウェア非機能要求)
- テスト計画(各テスト工程の目的、テスト範囲、テスト粒度、テスト方法、エビデンス形態を決める)
- 各種ドキュメントの定義(特に開発内だけで必要なもの、開発終了後の保守フェーズ・派生開発時に必要なものは明確に区別しておくこと)

　V字モデルは、該当する検証工程(ソフトウェア総合テスト)と対となるため、ソフトウェア要求仕様書でソフトウェア適格性確認テスト設計ができることが重要です。

9-3　ソフトウェア方式設計

　ソフトウェア方式設計では、ソフトウェア要求仕様を元にソフトウェア構成を決定します。開発するソフトウェアが「**派生・流用開発**」と「**新規開発**」では、本工程で実施する内容は異なります。派生・流用開発とは過去に開発したソフトウェアをベースにその一部を要件に合うように変更する開発を指します。実際の開発現場の多くは派生・流用開発です。

　ソフトウェア方式設計ではソフトウェア構造の方向性を決めるため、この工程の品質に問題があると大きな痛手を被ることになるので注意が必要です。

派生・流用開発の場合

　派生・流用開発は過去に開発したソフトウェアをできるだけ活用することで、単納期・低予算で開発を完了させます。その際、ベースとなるソフトウェアに対して、どう変更をかけていくかを決定することが重要な作業となります。派生・流用開発をする際の注意点は次のとおりです。

ソフトウェア構成の見直しの有無

　派生・流用開発では資産をうまく使うことで開発効率化・品質基準の安定化を行いますが、ソフトウェア資産が“負の資産”になっている場合、分割された各機能の組み合わせ方法やつながり方を見直すなどの、一部構成を見直す必要があります。本工程では見直しするかどうか判断します。ケースによってはスケジュールに影響する可能性もあるため、ソフトウェア要求分析で決める場合もあります。

リファクタリングの有無

　ソフトウェアの実装について、改良の余地があると判断した場合、**リファクタリング**（プログラムの外部から見た動作を変えずにソースコードの内部構造を整理すること）をするか判断をする必要があります。通常は修正対象ブロックに制限してリファクタリングする場合が多いですが、条件が揃えば（開発期間、予算）修正対象ブロックを越えてリファクタリングする可能性があります。

変更方針の決定

　要件に合うようにするためには、どの部分をどう修正するかということを決定する必要があります。その際、「要件に対して漏れが発生しないこと」、「デグレード（品質劣化）が発生しないこと」、「テストのことを考えること（修正箇所によっては確認しなければならない領域が広がります）」を意識しておくことが重要です。

新規開発の場合

　新規開発では次のことを意識して設計します。

- 機能の実現
- 資源の制限
- 性能観点
- 保守性
- 拡張性
- セキュリティ

・**開発納期、予算、リソースの能力**

何を優先して考えるかは開発の種類により異なります。プロジェクトの目的
や達成目標などによって、それぞれの優先順位を考慮しておく必要があります。
　ソフトウェア方式設計の工程では、ゴールとアプローチを先に決めておく必
要があります。ソフトウェア方式設計は、具体的なソフトウェアの作成方針を
決定づける工程のため、本工程での問題は後工程に大きな影響を及ぼします。
したがって、設計内容が正しいかの検証も随時必要となります。そのため、ゴー
ルを決めた後に、そのゴールにたどり着くまでのアプローチを決定し、以後、
決定したアプローチに従って設計作業を進めていきます。
　ゴール設定に必要な要素は次のとおりです。

・次工程（ソフトウェア詳細設計）に必要な"元となる情報"が記述されており、
漏れがないこと
・ソフトウェア結合テストに必要な"元となる情報"が記述されており、漏れが
ないこと
・ソフトウェア方式設計に記述されていることが検証されていること。**検証方
法は有識者によるレビュー、または、動作確認結果の検証**
・リスク一覧が更新されており、対応方法が決定していること
・次工程以降の詳細なアプローチ（WBS）が決定していること
・WBSに従ってソフトウェア方式設計を進められること

ソフトウェア方式設計で作成するものの一例

　開発対象やプロジェクトにより内容は異なるため、ここでは例として挙げま
す。

・**例1：センサ情報の取得方法（ポーリング方式 or 割込み方式）**
　製品特性を考えたうえでポーリング方式か割込み方式を決定する必要があり
ます。選択を誤ると求められたソフトウェア要求を満たせなくなります。

・例2：OS上のソフトウェアを作成する際のタスク分割とタスク間のI/F定義書

OSの特性を理解したうえで、適切な分割とI/F（インタフェース）を設計しないと後工程で手戻りが発生する可能性があります。

・例3：ソフトウェア構成を踏まえた状態遷移図・状態遷移表

ソフトウェア仕様観点での状態遷移図・遷移表は「ソフトウェア要求分析」で明確にします。ここでは機能観点ではなく、ソフトウェア構造を踏まえたうえでの状態遷移図・遷移表を作成し、テストはこの資料をベースに行います。

・例4：タスク間シーケンス図

タスク間の関係はタスク間I/F定義書で理解できますが、「いつどのタイミングで動作するのか？」という視点では見ることはできません。タスク間シーケンス図はどのタイミングでタスクが動いていくかということを明確にします。

・例5：メモリ配置、メモリ使用量

組込み機器は一般的に限られた資源の中で動きます。その中でどのシステムでも考えなければならないのがメモリ関係です。システムを安定して動作し続けるのに必要なメモリ量は確保できているのかという点を確認するために明確にします。

ソフトウェア方式設計で作成される資料はレビューし、プロジェクト内での共通認識を高める必要があります。レビューは次の点に注意を払いながら行われるべきです。

ソフトウェア方式設計では、レビューアの選出を間違えると後工程に大きな問題を引き起こす可能性があります。適切なレビューアを設定することが重要ですが、適切なレビューアを設定できない場合、リスク一覧に挙げ、次工程以降で対策が取られるようにします。

レビュー時の"元となる情報"はレビュー時の品質に大きく影響します。レビューは原則として、「書いてあることはレビューできるが、書いていないことはレビューできない」ため、レビュー対象作成者は「記述漏れ」がないように注意

を払う必要があり、またレビューアは「漏れがないか」という視点で見る必要があります。レビュー時に必要なものとして、「レビュー対象成果物」以外に「レビュー対象成果物作成に使用した"元となる情報"」も必要となります（**図9-2**）。

　レビューでの指摘件数が多くなると「対象物に対する現物レビュー」から「架空成果物レビュー」になってしまう危険性があります。レビューは数回行う前提で、1回あたりの指摘件数を抑え、指摘点が「修正漏れ」を起こさないような工夫も必要です。

○**図9-2：架空成果物レビュー**

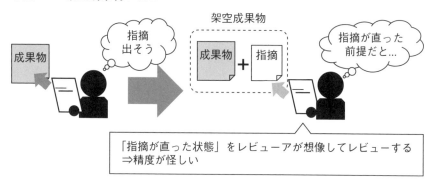

「指摘が直った状態」をレビューアが想像してレビューする
⇒精度が怪しい

9-4　ソフトウェア詳細設計

　ソフトウェア詳細設計では、ソフトウェア方式設計を元にプログラミング可能な設計書を作成します。

　プログラミングする工程（コーディング工程）の直前工程であるため、この工程完了後にあいまいなものが残っていると、直接的にプログラム品質に影響します。また、今まで紹介してきた工程よりも関わるエンジニアの数が増えていくため、エンジニア間の品質差やコミュニケーションギャップも起きやすい工程となるので注意が必要となります。

　本工程でも、派生・流用開発と新規開発では、実施する内容は異なります。

派生・流用開発の場合

　ベースとなるソフトウェアに対して、ソフトウェア方式設計に記述されている内容の範囲内で次工程に必要な設計書を作成します。

　派生・流用開発では、不用意に修正するとデグレードの要因となります。したがって本工程では、ソフトウェア方式設計に記述されている修正範囲に絞りソフトウェア詳細設計を行い、ソフトウェア方式設計に記述されていない部分においてはいっさい手を入れてはいけません。

　また派生・流用開発では、設計書を作成する方法が2種類存在します。

既存の設計書を修正（不足分があれば追加）する

　この方法のメリットは、常に既存の設計書がアップデートされるため、派生・流用開発が何回発生しても設計書が増えず、最新の全容が確認しやすくなります。また、特定観点のみの記述にならないため、単体テストの"元となる情報"にしやすいです。部分的な設計書ではないため、前後関係の矛盾点が発生しにくいのもメリットの1つと言えます。デメリットは何故その修正をしたのかという点を記述しにくいため、修正意図を理解してもらうことが難しい点があります（レビュー品質に影響する可能性があります）。

改造仕様書を新規で作成する

　この方法のメリットは、書いてあることの正当性がレビューしやすいため、修正意図が明確にわかることです。デメリットは派生・流用開発が多く発生すると、最新の状況が把握できなくなることです。また、既存部分に対する矛盾点がレビュー時に発見できません。特定観点のみの記述になるため、単体テストの"元となる情報"として不足する可能性もあります。

新規開発の場合

　実装工程、単体テスト工程の"元となる情報"として不足がないように設計します。C言語の場合、関数単位で設計します。次の内容が含まれている必要があります。

part
1
Chapter
1
Chapter
2
Chapter
3
part
2
Chapter
4
Chapter
5
Chapter
6
Chapter
7
Chapter
8
part
3
Chapter
9
Chapter
10
Appendix

- 関数に対するInputが明確になっていること(引数、グローバル変数、レジスタ)
- 関数に対するInputの入力範囲が明確になっていること
- 関数からのOutputが明確になっていること(引数、グローバル変数、レジスタ)
- InputからOutputに変換する仕様が明確になっていること
- 内部で呼び出す関数とそのタイミングが明確になっていること
- 使用条件が記述されていること(関数の呼び出し条件、引数に対する制限など)

　関数を分割する際は、モジュール独立性を意識することが重要です。関数分割(モジュール分割)には各種技法があるので、それらを参考にしたほうがよいでしょう。

9-5　コーディング

　コーディングでは、それまでに作成されたソフトウェア詳細設計を元に、プロジェクトで使用するプログラミング言語を使用してプログラムを作成します。
　作成されたプログラムコードは、設計書に書かれている動作を実現するだけでなく、その後のテスト作業を考慮した、コードの見やすさ(可読性)などに気を配る必要があります。
　本工程では、派生・流用開発と新規開発で実施する内容は同等(コードを作成・修正する)ですが、注意すべき点が異なってきます。

派生・流用開発の場合

　リファクタリング対象箇所以外は、既存のコーディングスタイルに合わせることが必要です。修正対象行以外は修正しないことが重要で、特にインデント変更のみのような内容を変更していない修正は、後で差分を見る際に可読性が悪くなる可能性があります。

新規開発の場合

　コーディング規約（MISRA-C、ESCRなど）に合わせてコーディングすることが必要です。コーディング規約に合わせてコーディングすると、次のようなメリットがあります。

- 人によって、コーディング方法の差が発生しにくい（＝可読性が良くなる）
- バグを抑制できる

```
例：キャストを変数ごとにかける
  unsigned char a=255, b=255;
  unsigned short c;
  c=(unsigned short)(a+b);
  ※コンパイル環境によっては510 or 254の可能性がある
       ↓
  c=(unsigned short)a+(unsigned short)b;
  ※キャストを変数ごとにかけておけば、どのコンパイル環境でも510になる
```

　またコメントを適切に正しく記述することにも注意を払う必要があります。ソースコードに記述するコメントは少なすぎても多すぎても可読性が悪くなります。ソースコード行数に対して30〜40％がコメント・空白行であることが適切です。

　ソースコードが複雑にならないようにすることも重要です。ソフトウェアメトリクスを計測して、複雑なプログラムにならないように留意する必要があります。ソースコードが複雑だと単体テストのテスト項目数に影響し、またバグが発生しやすくなります。

9-6　ソフトウェアテストの概要

　ソフトウェアテストはそのソフトウェアを市場に出しても問題を発生させることがないかを検証します。

　組込みソフトウェアは、企業の業務系ソフトウェアやWeb系ソフトウェアと違い、問題が発覚したらそれを改修するために大きなコストがかかります。

　最近はOTA（On The Air）の仕組みを搭載しているものもあり、以前よりはソ

フトウェアの書き換えについてはハードルが下がっていますが、それでも業務系ソフトウェアやWeb系ソフトウェアとは比較にならないほど難しいものになっています。

　自動車業界であれば、市場で問題が発生すれば、何十万台にもおよぶリコール問題となりますし、IoT機器で問題が発生すれば、その影響度は計り知れないものがあります。そのため、製品によっては品質規格が定められ、その規格の中でテストをどうすべきかという定義がされています。

　規格の代表格としては、IEC 61508とその派生であるISO 26262というものがあります。他にも組込み開発に関連する規格は存在しているため、読者の方が関連する・興味がある分野において、どんな規格があるのか調べてもらうのもよいでしょう。

　20世紀でのソフトウェア開発のテストは「ソフトウェアの不具合を検出する」ということに主眼をおいている企業が多数を占めていましたが、21世紀に入り、ソフトウェアの不具合を検出するという目的にプラスして、「ソフトウェア品質を第三者に証明する(=テストエビデンス)ことが重要」とされ始めました。特に2011年に施行された自動車業界向けの機能安全規格ISO 26262は組込み業界におけるテストへの意識を変えました。

　その後、効率良くテストするためにいろんなテストツールが登場しています。昨今ではさらなるテストの効率化・自動化するために、

- 実機で行っていたテストの一部をシミュレータでのテストに移行する
- CIツールの活用により、人がテストを実施する領域を削減する

といった策が実施されてきていますが、現段階では「どんなテストを実施するか?」というテスト設計作業はその多くがテスト実施者のスキルにゆだねられています。

　よって、組込みエンジニアに求められる能力として、「テストスキル」は重要だということは認識しておいてください。

ソフトウェアテストで抑えておくべき観点

　組込みソフトウェアのテストは製品特性上、漏れがあってはならないし、逆

にテストをし過ぎてもその分のコストを回収できなければ意味がありません。「いかに効率的に漏れなくテストするか？」「無駄なテストを実施しないようにするか？」ということが重要となります。

　例えば、次のような関数があったとします。

```
short func(short a);
```

　この関数にバグがないことを証明するためには何件テストをすればよいかと問われた場合、コストを考えなければ、答えは"65,536"とおりになります。

　テストしたい対象の品質を確認したければ、入力としてあり得るパターンをすべて指定し（例で言えば引数がshort型なので65,536とおりの数値を指定可能）、そのすべての結果を確認すればよいのです。

　しかし、現実的にこんなテストが可能なのかと問われると、答えは"NO"です。この観点でテストすると、コストが莫大にかかり、そもそも製品開発が破綻することになります。

　よって、テストは「外してはいけない観点を網羅しつつ、最大の組み合わせからいかに間引いていくか」が重要です。外してはいけない観点は次のとおりです。

テストの対象はソースコードではなく「実際の製品で動作するロードモジュール」である

　開発者はソースコードでプログラムを作成しますが、実際に動作するのはソースコードではなく、「ソースコードをコンパイルして作成したロードモジュール」になります。特に組込みソフトウェア開発では、動作するマイコンの種類、コンパイラの種類、コンパイラに指定するオプションにより、生成されるロードモジュールが異なります。よって、テスト環境が正しく設定されているかということが重要です。

テスト項目を組み立てる観点は「機能観点」「構造観点」の２点である

　機能観点は「ブラックボックス観点」とも言います。ソフトウェアの動作が設計書で定義された機能を満たす動作するかを検証します。

　構造観点は「ホワイトボックス観点」とも言います。ソフトウェアが構造的に堅牢なものとなっているかを確認します。

テスト工程ごとに意識すること

　テスト工程は大きく、単体テスト、ソフトウェア結合テスト、ソフトウェア適格性確認テストと分かれますが、上記の観点を意識して各工程を実施します。

単体テスト

　関数に着目して、機能観点と構造観点のテストを実施します。

ソフトウェア結合テスト・ソフトウェア適格性確認テスト

　結合されたソフトウェアに着目して、機能観点のテストを実施します。

　なお、それぞれのテスト工程はテストの範囲・観点が異なるため、他テスト工程をカバーする関係にはありません。例えば、単体テストで見逃した不具合をソフトウェア結合テスト・ソフトウェア適格性確認テストではカバーすることはできません。

　それぞれのテスト工程がカバーすべき「品質」をまっとうして初めて全体品質が確保できたと言えるため、各テスト工程を実施するメンバは意識を高く持って実施する必要があります。

9-7　単体テスト

　単体テストはC言語の場合、関数に着目してテストを設計・実施します。関数単位でテストするため、プロジェクトによっては効率を考えて実機ではなく他環境でのテストを実施しています。

　すべての関数をテストすると非常に大きなコストがかかるため、単体テストに関する規格が適用されていないプロジェクトについては単体テストを実施する関数、実施しない関数を振り分けているケースも見受けられます。

　多人数で実施するため、テストの粒度がばらつかないようにすることが難しい工程です。そのため、単体テスト実施ルールを定めて、粒度を合わせる工夫をしているプロジェクトもあります。

単体テストの設計

単体テストの設計は関数単位で次の2つの観点を考える必要があります。

機能観点

ブラックボックス観点とも言います。ソフトウェア詳細設計を入力としてテスト設計を実施します。テスト項目数を減らす手法として境界値分析／同値分割があります。

構造観点

ホワイトボックス観点とも言います。ソースコードを入力としてテスト設計を実施します。構造観点だけでは確認が取れない場合は、さらに次のようなことを検証します。

- **全ルートテストが通過しているかを検査**(コードカバレッジ)
- **構造上危険な動作をしないかを検査**(ロバスト性)

単体テストの実施

単体テストの実施では次の観点を考える必要があります。

実行するテスト環境

組込み開発ではコンパイラが実行する最適化の影響を受ける可能性があるため、実際のロードモジュールでテストすることが理想です。実際のテスト環境が使えない場合は、実環境とテスト環境の差分を考慮する必要があります。

スタブ／ドライバ

関数単体をテストする場合、テスト対象関数を呼び出すドライバコードとテスト対象関数内部から呼び出される関数のダミーである、**スタブ**を用意する必要があります。

9-8　ソフトウェア結合テスト

ソフトウェア結合テストは、ソフトウェア方式設計を"元となる情報"として
テストを設計・実施します。

ソフトウェア結合テストの目的

車載ソフトウェア開発プロセスを定義しているAutomotive SPICE[注2]では本
工程の目的を次のように定義しています。

ソフトウェア統合および統合テストプロセスの目的は、ソフトウェアアーキ
テクチャ設計と整合性のある統合ソフトウェアが完成するまでソフトウェアユ
ニットをより大きなソフトウェアアイテムに統合し、その統合ソフトウェアア
イテムがソフトウェアユニット間およびソフトウェアアイテム間のインタフェー
スを含むソフトウェアアーキテクチャ設計に遵守している証拠を提供するため
に、ソフトウェアアイテムのテストを確実に実施することである。
※引用：㈱ITID **URL** *http://www.itid.co.jp/glossary/spice.html*

つまり、関数を複数統合して、より大きいモジュールを作成し、そのモジュー
ルが設計どおりに機能しているか？ インタフェースが正常に動作しているか？
という証拠を残すことが目的になります。

例として、Automotive SPICE を挙げましたが、基本的な考え方は車載以外
でも変わりません。

ソフトウェア結合テストでの対応内容

ソフトウェア結合テストでは次のような項目に対応する必要があります。

ソフトウェア結合テストの計画策定

計画には、「結合範囲」「テスト環境」「テスト設計指針」「テストスケジュール」

注2)　Automotive Software Process Improvement and Capability dEtermination の略。車載ソフトウェアの重
　　　要性から欧州の完成車メーカーが中心になって策定した業界標準の開発プロセス共通フレームワーク。受託
　　　側の開発プロジェクトを対象に発注側が審査を行なう点が特徴的。

を盛り込む必要があります。なお、ソフトウェア結合テストは多くのプロジェクトで「回帰テスト」も想定してテスト範囲を定めています。

単体テストはセオリーがだいたい決まっていますが、ソフトウェア結合テストでは開発するソフトウェアの特徴・環境によって大きく異なります。よって、この計画策定は非常に重要な作業と言えます。

ソフトウェア結合テスト仕様の作成

ソフトウェア結合テストでは、「ソフトウェア方式設計に書かれていることを満たしているか」という観点に気をつける必要があります。特に性能面やメモリ使用量は想定範囲内に収まっているかの確認が必要で、本工程で確認できないものはソフトウェア適格性確認テストで実施する必要があります。またテスト知識として、"状態遷移テスト（Nスイッチカバレッジ）"を持っておくとよいでしょう。

テスト対象モジュールの作成

計画で定めた「結合範囲」に従って、テスト対象モジュールを作成します。テスト対象モジュールがテストしやすい状態になっているかがテストの効率にも影響するため、計画時にその点を考慮する必要があります。

ソフトウェア結合テスト環境の構築

プロジェクトによっては実環境でテストする場合もありますが、実環境が準備できない場合もあり得るため、その場合は疑似環境を準備することになります。よくある環境としては

- 評価ボードを使用する
- シミュレータを使用する

があります。どの環境でテストするかはプロジェクトによって異なりますが、少なくても検証するためには、「実際のアーキテクチャで動作するロードモジュール」である必要があります。

135

ソフトウェア結合テストの実施

テストを実施するうえで、正確かつ効率的に実施するため、テストの自動化を積極的に取り入れているプロジェクトもあります。

9-9 ソフトウェア適格性確認テスト

ソフトウェア適格性確認テストは、ソフトウェア要求定義書を"元となる情報"としてテスト設計を行い、実施します。派生・流用開発においても、全体のテストを行います。

ソフトウェア適格性確認テストの目的

車載ソフトウェア開発プロセスを定義しているAutomotive SPICEでは本工程の目的を次のように定義しています。

ソフトウェア適格性確認テストプロセスの目的は、統合ソフトウェアがソフトウェア要件に遵守している証拠を提供するために、テストを確実に実施することである。
※引用：㈱ITID **URL** *http://www.itid.co.jp/glossary/spice.html*

具体的なテストの内容については開発する製品によって異なるため割愛しますが、ソフトウェアの評価として最終ラインになるため、次の条件が成立しているかを確認します。

- **開発過程で発生した問題（課題）はすべてクリアされたか**
- **テスト漏れ（特に修正後の再テストの漏れ）がないか**
- **テスト内容すべてが合格しているか**

本工程で問題を検出した場合、納期に大きな影響を及ぼします。本工程を開始するまでに、いかに品質を確保するかが重要になります。

Chapter 10

part 1
Chapter 1
Chapter 2
Chapter 3

part 2
Chapter 4
Chapter 5
Chapter 6
Chapter 7
Chapter 8

part 3
Chapter 9

Chapter 10

Appendix

Chapter 10 開発プロセスに関連する用語と解説

開発プロセスを理解するためには、実際の作業工程以外に、各規格や仕様、さらに概念の理解も必要です。これらは専門用語などが定義されており、前章の各項目で使用している専門用語や、おもな規格などについて理解の助けとなるように解説します。

10-1 ソフトウェア要求分析

ISO/IEC 9126-1(ソフトウェア品質モデル)

ISO/IEC 9126はソフトウェア品質の評価に関する国際規格です。そのうち、品質特性モデルについて規定しているものがISO/IEC 9126-1です。

品質特性モデルとはソフトウェア品質を評価する観点であり、**表10-1**の6つに分類されます。

○表10-1:ソフトウェア品質特性モデル

特性	意味
機能性	製品に求められる要求・機能をどれだけ実装しているか
信頼性	実装している機能があらゆる条件下で機能・要求を満たして正常動作し続けることができるか
使用性	ソフトウェアの使い勝手がよいか、動作結果はわかりやすいか
効率性	明示された条件下において、ソフトウェアがどれだけ目的を達成できるか、その際、どれだけの資産を必要とするか
保守性	ソフトウェアを改定する際、どれだけの労力が必要か
移植性	ソフトウェアをある環境から別の環境に移した場合、どの程度動作するか

評価対象となるソフトウェアにはロードモジュール、ソースコードなどを含みます。品質特性モデルの観点を踏まえて設計することで、ソフトウェア品質の向上につながります。

ISO 9241（ユーザビリティ）

　ISO 9241はインタラクティブシステムの人間中心設計に関する国際規格です。またISO 9241はISO 13407を改訂したものです。ユーザビリティは次の要素で構成されるものと定義しています。

- 有効さ
- 効率
- 満足度

IEC 61508、ISO 26262（機能安全）

　IEC 61508は電気・電子・プログラマブル電子システムの機能安全に関する国際規格です。IEC 61508をベースとし、自動車に搭載される部品に含まれる電気・電子機器などのハードウェア／ソフトウェアを対象とした機能安全の国際規格を「ISO 26262」と言います。これらの規格には機能安全を達成するために必要なプロセスなどが定義されています。

　求められる機能安全レベルによって実施すべき内容は異なり、そのレベルをIEC 61508　で　は「SIL（Safety Integrity Level）」、ISO 26262 で　は「ASIL（Automotive Safety Integrity Level）」と言います。

リスク一覧について

　リスクとは、発生した場合、期待するものを期待する時期にアウトプットできなくなるかもしれない事態のことを言います。リスクの対応方法は**表10-2**の4つに分かれます。

○表10-2：リスクの対応方法

対応方法	内容
リスクの回避	リスクを発生させる要因を取り除く
リスクの軽減	リスクが発生する確率を下げる。または、リスクが発生した場合の影響度を下げる
リスクの移転	リスクを他と共有し、発生した場合の影響を分散する
リスクの保有	リスクへの対策を取らず、受け入れる

また対応方法を選択するために、次の点を明確にしてリスクを定量化します。

- 発生時期
- 発生確率
- 発生時の影響範囲
- 発生時の影響度

レビューの種類について

レビューにはいくつかの一般的な種類があります。**表10-3**と**表10-4**に代表的なレビューの種類と特徴を示します。

○表10-3：代表的なレビューの種類（目的）

名称	目的	特徴
インスペクション	欠陥の検出。納品物としての品質保証	非常に公式性が高い。形式に基づいたプロセスで実施する
テクニカルレビュー	欠陥の検出。技術的な問題の解決	技術力の高い要員を参加者に加え、レビュー対象の技術的な問題点の検出および解決に重点を置く
ウォークスルー	欠陥の検出。設計に矛盾がないことを確認する	シナリオに沿ってレビュー対象の動作を検証する

○表10-4：代表的なレビューの種類（方法）

名称	目的	特徴
アドホックレビュー	目前の問題を解決する	もっとも非公式で、頻繁に実施される方法。近くの同僚などに質問するというような簡単な方法で実施される
ピアレビュー	欠陥の検出。技術者間のスキル共有とコミュニケーションの促進	「ピア」は同僚を意味する。同僚などと気軽に声をかけて実施するレビューの総称。技術的な問題の指摘に焦点を当て、成果物を対象に実施される
パスアラウンド	欠陥の検出	レビュー対象となる成果物を複数のレビューアに配布、回覧して実施する。同じ時間、場所に集まらないことが特徴

10-2　ソフトウェア方式設計

WBS

WBS(Work Breakdown Structure)とは、プロジェクト全体を細かな作業に分割した構成図です。プロジェクトの計画を立てる際に用いられる手法の1つで、分割作業自体をWBSと呼ぶこともあります。

WBSには次のメリットがあります。

- 一部の作業が滞ったときの対策が立てやすい
- 作業を小項目まで落とすため、作業が単純となり、認識誤りが少ない
- 作業を単純化するため、作業を任せやすい
- WBSをそのままスケジュール、作業見積りとして使える
- 工程のインプット、アウトプットが明確になる
- 進捗管理者による残作業把握が明確にできる
- 進捗管理者が作業のボトルネックに対し対策を打てる

状態遷移図

　ソフトウェアには状態が存在し、状態はイベントによって変化します。この状態の遷移を図で表現したものを「状態遷移図」と言います。状態遷移図はイベントの入力によってソフトウェアの状態が次の状態へ遷移する状況を図で表します（**図10-1**）。

　状態、処理が受け取るイベント、イベントを受け取った際のアクション、アクション後に遷移する状態を記述します。

○図10-1：状態遷移図の例

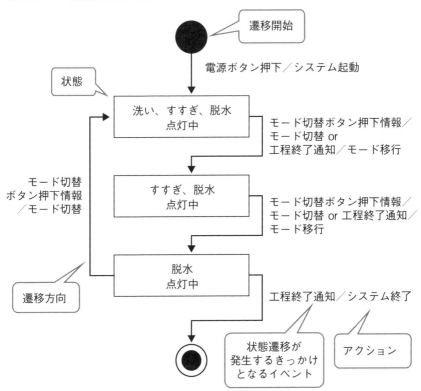

状態遷移表

　状態遷移図を表形式にしたものです。状態遷移図とは違い、状態とイベントのすべての組み合わせを網羅できます（図10-2）。

○図10-2：状態遷移表の例

イベント／状態	電源ボタン押下情報	モード切替ボタン押下情報	工程終了通知
洗い、すすぎ、脱水点灯中	すべて消灯中 / システム終了	すすぎ、脱水点灯中 / モード切替	すすぎ、脱水点灯中 / モード切替
すすぎ、脱水点灯中	すべて消灯中 / システム終了	脱水点灯中 / モード切替	脱水点灯中 / モード移行
脱水点灯中	すべて消灯中 / システム終了	洗い、すすぎ、脱水点灯中 / モード切替	すべて消灯中 / システム終了
すべて消灯中	洗い、すすぎ、脱水点灯中 / システム起動	✕	✕

遷移後の状態

イベント受信後に行うアクション

シーケンス図

　モジュール間のやりとりを時間軸に沿って表現した図を「シーケンス図」と言います。メッセージと呼ばれる矢印で各モジュール間の応答を表します（図10-3）。

　縦軸は時系列になっており、上から下の方向に見ることで応答の順序を表現します。シーケンス図を見ることによって、ある機能を実現するモジュール同士の相互作用がわかります。

○図10-3：シーケンス図の例

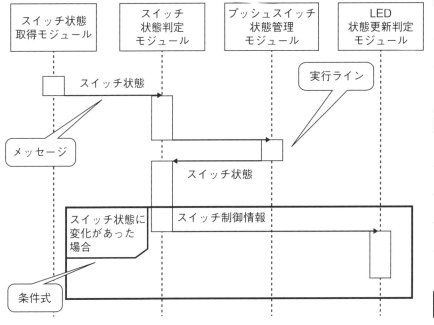

10-3　ソフトウェア詳細設計

モジュールの独立性は結合度と強度で決まる

　モジュール独立性とは、モジュール間の連携において、お互いの処理結果による影響を極力受けないという特性です。他のモジュールの処理結果に影響されないということは、他のモジュールが変更されても影響がないということです（モジュールの独立性が高いほど、プログラムの保守性は高くなります）。

　モジュール独立性はモジュール結合度とモジュール強度によって決まります（図10-4）。

　モジュール結合度とは、モジュール外部の尺度であり、モジュール同士の連結の強さを示します。モジュール強度とは、モジュール内部の尺度であり、モジュールに含まれる複数の機能の関連性の強さを示します。すなわち、モジュー

ル結合度が弱く、モジュール強度が高いほど、モジュール独立性は高くなります。

○図10-4：モジュールの独立性は結合度と強度で決まる

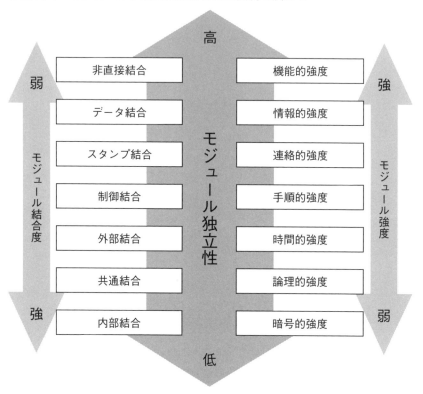

モジュール結合度

モジュール結合度の各区分は**表10-5**のとおりです。

○表10-5：モジュール結合度の区分

区分	説明	結合度
非直接結合	モジュール同士の関係がまったくない	弱
データ結合	引き数によってモジュール間のデータの受け渡しを行っている	
スタンプ結合	共通領域にはない同一のデータ構造を参照している	
制御結合	呼び出す側のモジュールの引き数に実行制御にかかわる制御情報を用いている	
外部結合	外部宣言された同じデータを参照している	
共通結合	共通データ構造を参照している	
内部結合	あるモジュールが他のモジュールのデータを直接参照している	強

非直接結合

　モジュール同士の関係がまったくない状態です。他のモジュールに影響を与えないため、モジュールの変更が容易です。

データ結合

　データ構造を持たない引数によってモジュール間のデータの受け渡しを行っている状態です（**図10-5**）。

例：モジュールAがモジュールBを呼び出すとき、モジュールBの引数にグローバルでない変数を渡した。

○図10-5：データ結合

スタンプ結合

　データ構造を持つ引数（構造体やレコード）によってモジュール間のデータの受け渡しを行っている状態です（**図10-6**）。データ構造の中で一部のデータのみが使用されています。

例：モジュールAがモジュールBを呼び出すとき、モジュールBの引数にグローバルでない構造体を渡した。

○図10-6：スタンプ結合

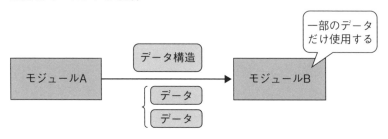

制御結合

　呼び出される側のモジュールの実行制御に関わる制御情報を引数に指定して受け渡しを行っている状態です（**図10-7**）。実行制御に関わるフラグ（処理のスイッチフラグなど）を指定する場合を指します。下位モジュールの挙動が上位モジュールにより制御されます。

例：モジュールAがモジュールBを呼び出すとき、モジュールBの処理を制御するスイッチフラグをモジュールBの引数を渡した。

○図10-7：制御結合

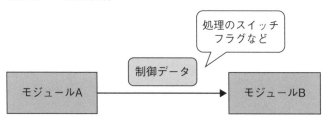

外部結合

　上位モジュールと下位モジュールが外部宣言された同じデータを参照している状態です（**図10-8**）。

例：モジュールAとモジュールBが同じグローバル変数を参照している。

○図10-8：外部結合

共通結合

　複数のモジュールが外部宣言された同じデータ構造（構造体やレコード）を参照している状態です（**図10-9**）。

例：モジュールAとモジュールBがグローバル宣言された同じ構造体を参照している。

○図10-9：共通結合

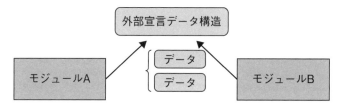

内部結合

　あるモジュールが他のモジュールの内部データ（外部宣言されていないデータ）を直接参照している状態です（**図10-10**）。他のモジュールに影響を与える可能性が非常に高いため、モジュールの変更が困難になります。

例：モジュールAがモジュールB内部にあるデータを直接参照した。

○図10-10：内部結合

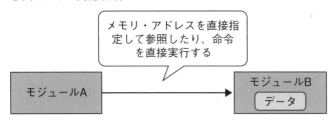

モジュール強度

モジュール強度の各区分は**表10-6**のとおりです。

○表10-6：モジュール強度の区分

区分	説明	強度
機能的強度	1つのモジュールがただ1つの機能を実現している	強
情報的強度	機能的強度を持つモジュールをいくつか集めて1つにまとめるとともに、それぞれに入口点を持たせている	
連絡的強度	データの関連性を保ちながら、複数の機能を順次実行している	
手順的強度	複数の機能を順次実行する	
時間的強度	実行時間の流れに沿って、複数の機能を順次実行する	
論理的強度	モジュールの中に複数の関連する機能を持ち、条件に応じてそのうちの1つを実行する	
暗号的強度	何の関連性もない複数の機能を持っている	弱

機能的強度

ただ1つの機能を持つモジュールです（**図10-11**）。処理内容の把握がもっとも容易です。

○図10-11：機能的強度

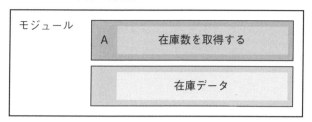

情報的強度

　同じデータを扱う複数のサブルーチンや関数など機能を1つにまとめたモジュールです（**図10-12**）。機能ごとに入口点と出口点を持ち、機能ごとに呼び出すことができます。

○図10-12：情報的強度

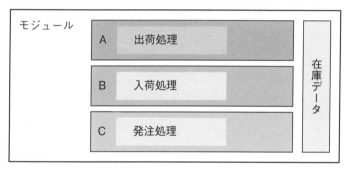

連絡的強度

　手順的強度に加え、モジュールの要素間で共通のデータの受け渡しや参照が行われるモジュールです（**図10-13**）。機能間にデータの関連性が存在します。

例：モジュールAとモジュールBが共通のデータを参照する。

○図10-13：連絡的強度

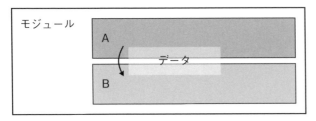

手順的強度

　順で実行される機能を1つにまとめたモジュールです（**図10-14**）。時間的強度とは逆に、逐次的に行う複数の関連ある機能をまとめて実行するようにしたモジュールです。連絡的強度との違いは、機能間にデータの関連性がありません。

○図10-14：手順的強度

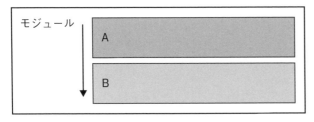

時間的強度

　同じタイミングで行う複数の機能を1つにまとめたモジュールです（**図10-15**）。機能の関連はごく弱く、タイミングに着目して複数の機能をまとめたものです。モジュール内の関連性が手順的強度よりも弱いモジュールです。

　例：複数の機能のそれぞれに必要な操作を初期設定の時点で一括して実行する
　　　ためにまとめる。

◯図10-15：時間的強度

論理的強度

　関連のある複数の機能を1つのモジュールにまとめ、どの機能を実行するか
は引数で指示するモジュールです（**図10-16**）。

例：共通部分が多いため1つにまとめるが、機能は指示によって使い分ける。

◯図10-16：論理的強度

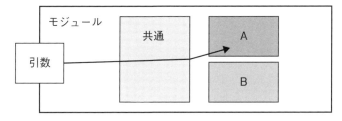

暗号的強度

　たいした理由もなく分割したり、関連性のない複数の機能をまとめたりして、
何をするモジュールなのか定義できない（分割の意図が他人には理解しにくい）
ようにしたモジュールです（**図10-17**）。単純にステップ数で分割したような場
合は暗号的強度に該当します。

◯図10-17：暗号的強度

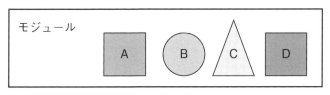

10-4　コーディング

MISRA-C

　MISRA-CはMISRA（Motor Industry Software Reliability Association）が開発したC言語のためのソフトウェア設計標準規格です。ソフトウェアの安全性や信頼性、移植性を確保することを目的としています。

　安全なC言語プログラムを書くために定めたガイドラインとなっており、車載ソフトウェア開発における標準コーディングルールになっていることが多いですが、現在は車載ソフトウェア以外でも適用しているプロジェクトは多く存在します。

ESCR

　ESCRはIPA/SEC（独立行政法人情報処理推進機構 ソフトウェア高信頼化センター）が発行している「組込みソフトウェア開発向けコーディング作法ガイド」の略称です。C/C++言語で開発されるソフトウェアのソースコード品質を向上することを目的としています。

　コーディング時に注意すべきことやノウハウをガイドラインとしてまとめています。

ソフトウェアメトリクス

　ソフトウェアメトリクスとは、ソフトウェアの規模や複雑さを測定する尺度です。例えば次のような項目があります。

ネストの深さ
　対象となる関数の最大ネスト（入れ子）数です。ネストが深くなるほど処理スコープがわかりにくくなり、構造が視覚的に把握しにくくなります。可読性が下がり、品質低下に繋がる可能性があります。

コードサイズ

対象となる関数の最初から最後までのコード行数です。

サイクロマティック複雑度

　プログラムの複雑度を示す指標です。プログラム内の線型的に独立したパスの最大数がサイクロマティック複雑度の値になります。分岐が多いほど値は高くなり、高いほどプログラムが複雑であるといえます。プログラム内の条件（if文）が1つの場合、条件が真になるルートと偽になるルートがあるため、サイクロマティック複雑度は2になります。

マイヤーズインターバル

　論理積演算（&&）、論理和演算（||）の数です。

```
if((条件1)&&(条件2))
```

という条件文があった場合、マイヤーズインターバルは1になります。

10-5　単体テスト

同値分割

　同値分割では、起こりうるすべての事象をグループに分け、各グループから代表値を選びます。行われる処理が同じものをグループにするため、各グループを同値クラスと呼びます（**図10-18**）。
　グループから代表となるデータを1つ選んでテストすることで同グループの他のデータのテストを省略し、テストの効率化を図ります。

○図10-18：同値分割

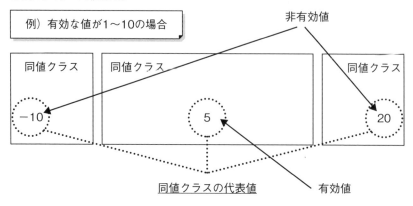

同値クラスの代表値 ───── 有効値

境界値分析

境界値分析では、同値クラスの境界値付近からテストデータを抽出します(**図10-19**)。一般的に、境界値付近には欠陥が潜在することが多いと考えられています。

○図10-19：境界値分析

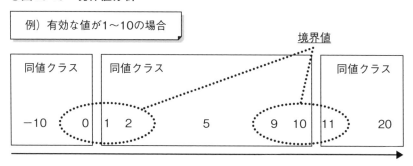

境界値分析は2種類の方法があります。

Beizerの方法

境界を「値にあるのではなく、値と値の間にある」と考え、境界の両側を抽出する方法で、1つの境界に対して2点が抽出されます(**図10-20**)。プログラム上

で条件式の「<」を「==」と書き間違えた場合、この方法では欠陥を検出できません。

○図10-20：境界値分析（Beizerの方法）

例）有効値：30点以上〜50点未満

Jorgensenの方法

仕様に記載されている端の値と端±1の値を境界値として扱う方法です（**図10-21**）。1つの境界に対して3点が抽出されます。

○図10-21：境界値分析（Jorgensenの方法）

例）有効値：30点以上〜50点未満

コードカバレッジ

テスト対象コードに実装されている命令・分岐などをどれだけテストで網羅したかを示す指標です。テストデータに偏りがないかを判断するための指標であり、テストの合格基準ではありません。

コードカバレッジにはいくつか種類があります。代表的なものを紹介します。

ステートメントカバレッジ（命令網羅、C0カバレッジ）

コード内のすべての命令がテストによって何パーセント実行されたかを示します（**図10-22**）。

○図10-22：ステートメントカバレッジ（命令網羅、C0カバレッジ）

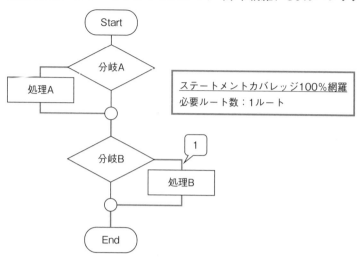

ブランチカバレッジ（分岐網羅、C1カバレッジ）

　コード内のすべての分岐がテストによって何パーセント実行されたかを示します（図10-23）。

○図10-23：ブランチカバレッジ（分岐網羅、C1カバレッジ）

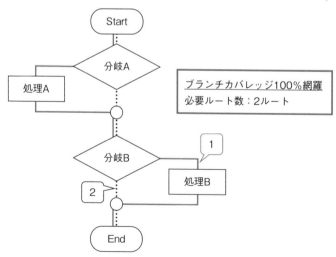

MC/DC（変更条件判定網羅）

コード内のすべての条件式に対する真偽がテストによって何パーセント実行されたかを示します（**図10-24**）。

○図10-24：MC/DC（変更条件判定網羅）

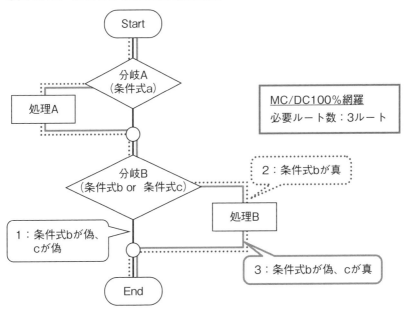

ロバスト性

ソフトウェアの頑健性を意味する言葉です。単体テストにおいては、ゼロ割やオーバーフローなどの欠陥があった場合に想定外の処理を実行しないことを指します。

スタブ

ソフトウェアをテストする際、テスト対象関数が呼び出す下位関数の代わりとなるものを「スタブ」と言います。スタブを用意することで下位関数が存在しなくてもテストを実施できます。

ドライバ

　ソフトウェアをテストする際、テスト対象関数を呼び出す上位関数の代わりとなるものを「ドライバ」と言います。テスト対象関数を呼び出し、実行結果が正しいか判定します。ドライバを用意することで上位関数が存在しなくてもテストを実施できます。

10-6　ソフトウェア結合テスト

ハードリアルタイムシステム

　定められた時間制約の中で処理が終了しなかったとき、処理の価値がなくなるシステムを「ハードリアルタイムシステム」と言います（**図10-25**）。

例：衝撃を感知してからエアバッグが開くまで。

○図10-25：ハードリアルタイム

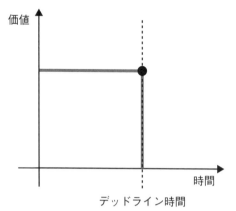

ソフトリアルタイムシステム

　定められた時間制約の中で処理が終了しなくても致命的な問題にはならず、

処理の価値が徐々に減少するシステムを「ソフトリアルタイムシステム」と言います（図10-26）。

例：カーナビで経路を外れてから再探索が完了するまで。

○図10-26：ソフトリアルタイム

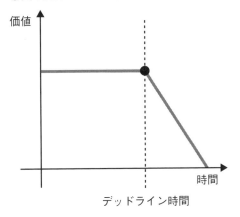

Nスイッチカバレッジ

状態を遷移する回数をN＋1回としてテスト設計し、テストによってその遷移パターンが何パーセント実行されたかを示す指標を「Nスイッチカバレッジ」と言います。

0スイッチカバレッジの場合、状態を1つ遷移するようにテスト設計します。

例：メイン画面→A画面

1スイッチカバレッジの場合、状態を2つ遷移するようにテスト設計します。

例1：メイン画面→A画面→B画面
例2：メイン画面→A画面→A画面

Appendix

A-1　電子計算機とマイクロコンピュータ

　マイクロコンピュータは超小型、半導体上で実現された電子計算機です。電子計算機には連続的な物理量を用いたアナログ方式と非連続な値を扱うデジタル方式がありますが、現在は電子計算機と言えばデジタル式を指しています。現在の形に至るには長い歴史がありました。

　組込みシステム技術は、1970年代マイクロコンピュータの出現により生まれた技術です。マイクロコンピュータとは電子計算機の備えるべき機能を、集積回路（IC：Integrated Circuit）上で実現した小型の部品です。従来、ギア、リレーなどの機構で実現されていた制御が、マイクロコンピュータに搭載されたソフトウェアによる制御が可能となりました。応用は爆発的に広がり、組込みシステム技術は対象に要求される機能だけではなく性能や信頼性などの非機能、ユーザインターフェイスなどの使用性などをソフトウェア、電子部品、制御対象ハードウェアで実現する総合エレクトロニクス技術なのです。今日、さまざまな機器、製品を実現する技術となり、その対象範囲は家電、工業用ロボット、自動車、航空機、宇宙関係飛翔体など広範囲にわたっています。

A-2　電子計算機周辺の歴史

　電子計算機の登場には何人もの学者や技術者が貢献していますが、とりわけ0と1の2値でさまざまな演算ができることを示したブール代数の考案者ブール、それをオン・オフが可能な電子回路で等価的に実現できることを示したシャノンが基礎理論への重要な貢献者です（なおシャノンは情報理論の草分けとして有名で1985年に京都賞を受賞しています）。

　実用化面では今日でも主流のプログラム内蔵型の電子計算機を提唱したと言われているフォン・ノイマン、内部制御構造でマイクロプログラム方式を導入したウィルクスなどを挙げることができます。

初期

　初期の電子計算機はおもな論理演算素子(以下、演算素子)に真空管を使っていました。例えば1946年に開発されたENIACは約18,000本の真空管を使っていました。真空管はヒーターで加熱する必要があり演算素子としての信頼性は低く、したがって計算機の可動率は低いものでした。その後、真空管自身の信頼性向上、また運用方法の改善が進みましたが1949年に開発された実用的な計算機の草分けEDSACでも真空管を3,000本程度使っています。

　1950年代になるとメインフレームと呼ばれる信頼性、稼働性そして入出力機能を高めた独自の大型計算機が続々と商用化されました。初期のものはまだ真空管を使っていましたが、この様相は1948年のトランジスタの発明とその後の半導体技術の進化で一変しました。1959年にIBMが初のトランジスタを用いたシステムを世に出し、以降、真空管式は第1世代、トランジスタ式は第2世代と呼ばれます。

第2世代

　第2世代の演算素子は半導体ですが、素子の構造による集積度の低さや高速化に伴う発熱対応などで演算装置そのものは結構な大きさになり、CPU(中央演算装置)の名称もここから生まれました。1964年に登場したIBM社のSystem/360は代表的なメインフレームです。メインフレームはメーカー独自の設計思想(アーキテクチャ)に基づく構造とOSを提供していましたが、System/360は複数の機種からなるシリーズの設計思想を統一し、ソフトウェアの互換性を持たせたことが大きな特徴でした。

　市場ではIBMがこの互換性を武器にユーザの囲い込みで優位に立ちました。そのため一時IBM互換機がさまざまなメーカーによって作られましたが結局IBMの独り勝ちとなりました。日本は互換機メーカーとの提携で国内メーカーが独自にメインフレームを開発したのでIBMの独占は起こりませんでした。しかし、一部の提携互換機メーカーが知財問題で苦しんだことはよく知られた話です。

第3世代

　第3世代は集積回路の本格的な使用を意味しており、大規模集積回路LSIによって実現される汎用のマイクロプロセッサの使用へ移行する端境期ともいえるでしょう。いわゆるDECのPDP11やVAX780に代表されるミニコン、古くはゼロックスの研究機Altoがこれらに該当します。CPUには高速トランジスタ素子によるビットスライスの技術が使われましたが、小規模な集積回路の域を出ていませんでした。

第4世代

　第4世代の電子計算機はLSI技術によって実現されたマイクロコンピュータ（MPU）を中心に展開してゆきます。その汎用用途ではパーソナルコンピュータ（PC）がエポックメーキングでした。第3世代に登場したエンジニアリングワークステーション（EWS）も高性能マイクロコンピュータの搭載で市場を伸ばしました。Sun、NEWS、Domain、EWS4800など多数の製品がありました。しかし独自のOSあるいはハードウェアを採用しているため徐々に性能を上げてきた安価なPCに置き換わってきたのが現状です。

　一方、汎用ではない用途、特定の機能を実現するために機械や装置などに組み込まれるマイクロコンピュータシステム、それが組込みシステムです。産業用機器、医療用機器、家電製品など、制御を必要とする多くの製品に用いられ、小型・軽量、省電力、安定動作などの要求から専用に設計されています。

　特に機器固有の制御機能を1つのLSIに集積したものを1チップ・マイクロコンピュータあるいはMCU（Micro Controller Unit）と呼びます。ただし、特定の周辺機器の制御を目的としたものが主流であり、汎用性は低くなります。実際、初期の用途はキャッシュレジスターのような既存機器の制御や電卓などでした。

　その電卓がマイクロプロセッサi4004の誕生に結び付いたのは有名な話です。当初は日本のビジコン社とIntel社の共同開発の電卓チップとして開発が計画され

○図A-1：i4004のパッケージ

164

ていたのが4bit並列処理のプログラム内蔵式コンピュータとして実現されました（図A-1）。

i4004の緒元は次のとおりです。トランジスタ数とクロック周波数に驚かれるでしょう。

- 1971年発表
- トランジスタ数2300
- MCS-4ファミリ（4001ROM、4002RAM、4003シフトレジスタ兼出力ポート）
- クロック周波数最大741Khz
- 命令数46種類（8bit命令、16bit命令）
- アドレス12bit、データワード長4bit
- 4ビット並列処理

A-3　半導体技術と電子計算機

電子計算機の心臓は演算素子、そして黎明期のそれは真空管でした。真空管はヒーターで陰極電極（カソード）を加熱し発生する熱電子を陽極（プレート）で受け、その流れを中間にある格子電極（グリッド）で制御しオン・オフを実現していました（図A-2）。したがって膨大な熱が発生します。

一方、トランジスタはPNPあるいはNPNというサンドイッチ構造をした半導体です（図A-3）。

サンドイッチになっているNあるいはP半導体は薄くできており、エミッターと呼ばれる電極とベースに正方向の電圧をかけると電流はベース方向に流れますが、薄いベースに捕捉される電流はわずかで、大半はベースを通り過ぎて逆バイアスのコレクタ側に流れます。その大きさはベースに流れる電流によって変化する、すなわち増幅や遮断などができるのです。ここに少ない電力でしかも半導体上で小型の論理素子が実現したのです。このトランジスタは電子（−）と正孔と（＋）の種類の電流が流れるのでバイポーラ型トランジスタと呼ばれています。

○図A-2：真空管の構造

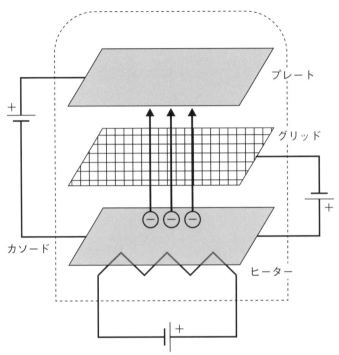

○図A-3：トランジスタの構造（NPNトランジスタ）

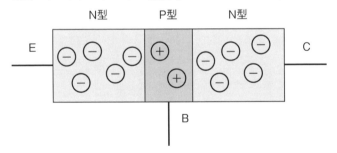

　しかし、そのバイポーラ型トランジスタの王座は長くはありませんでした。モノポーラ型トランジスタの出現とそれによる大規模集積回路の実用化です。モノポーラ型のトランジスタは電界効果トランジスタ（MOSFET：Metal Oxide Semiconductor Field Effect Transistor）と呼ばれ、まったく異なる原理で動作しますが、ソース、ドレインの2つの電極となる半導体の間にチャンネルと呼

ばれる分離層を設け、そのうえに電圧をかけてチャンネルを閉じたり開けたりするのです（**図A-4**）。

○図A-4：n型MOSFETの構造

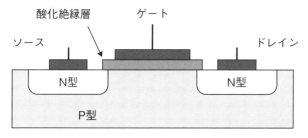

この構造ではオフのときにはほとんど電力を消費せず、トランジスタ構造もまた論理素子の構成も簡単なため集積回路の進化に大きく貢献しました。

余談ですが集積回路と言えば基本特許の1つと呼ばれるTIの技術者J.キルビーの発明によるいわゆる「キルビー特許」を想起します。1959年米国出願、そして翌年日本出願で莫大な特許料を得ましたが富士通だけは支払いを拒否し裁判で勝利しました。

そしていよいよ集積回路の時代に入ります。特に1980年ごろからその搭載するトランジスタ数をもって大規模集積回路（LSI：Large Scale Integration）とか、さらにVeryやUltraをつけたVLSIやULSIなどと呼ぶことがありましたが、現在ではLSIで落ち着いているようです。LSIはシリコンなどの1枚の基板上にPとNの半導体を拡散等で埋め込み、電極をさまざまな方法で焼き付けることで作られます。この工程を半導体作成プロセスと言い、演算素子であるトランジスタをいかに小さく作るかで集積度が決まってきます。半導体製造で高集積密度を示すためよくXXミクロンプロセスなどというキーワードが飛び交いますが、いったいどこの幅を示しているのかは定まった規則がないようですが、近年ナノミクロンに到達し、そろそろ物理的、量子力学的な限界がささやかれています。いずれにせよ、2年で集積密度が倍になるというムーアの法則は限界を語られながらも健在で、100万トランジスタは当たり前、1000万個もざらな時代になりました。そして今や時代はLSI化可能な機能は同じチップ上に実現するSoC（System on Chip）時代なのです。

A-4　SoC(System on Chip)とマルチプロセッシング

　マルチプロセッシングあるいはマルチプロセッサシステムとは複数のCPUを使って処理性能を高めようとするシステムです。電子計算機が第3世代に入りメインフレームやUNIXマシンで採用され今日までに至っています。マルチプロセッサシステムにはすべてのCPUの役割を同一に扱う対象型マルチプロセッシング(SMP：Synchronous Multi Processing)システム、例えばメインフレームにおける入出力処理など異なった役割をもつCPUを含む非対象型マルチプロセッシング(ASMP：Asynchronous Multi Processing)システムがあります。

　SoC時代では1つのLSI上に複数のCPU機能(コア)を搭載することでマルチプロセッシングを利用できるようになりました。LSIを意識してマルチコアプロセッサ、最近ではメニーコアプロセッサという呼び名が主流になりつつあります。また、同一のCPUコアで構成されるものをホモジニアスマルチコア、異種のコアを含む場合をヘテロジニアスマルチコアと言います。

　今日の人工知能・ネットワーク社会においては計算機システムの処理能力の向上要求はとどまるところがありません。組込みシステム分野における通信処理、画像処理あるいはAIなど処理内容に対応した専用処理CPUのSoC化が進みます。またアーキテクチャが同じでも例えば電力消費との関係で小型のコアを持つ場合も専用処理に該当します。SoC時代の組込みシステムでは異なったサービス要求を効率良く処理するヘテロジニアス・マルチコアシステムの役割が増加してゆきます。

　さらにもう1つの分類視点としてCPUあるいはコア同士が同一OSで制御されメモリを共有するなどの依存関係が深い密結合マルチプロセッシング(TCMP：Tightly Coupled Multi Processing)と、それぞれのCPUは独立し通信機能などで結ばれており仮想的に連係動作をする疎結合マルチマルチプロセッシング(LCMP：Loosely Coupled Multi Processing)があります。マルチコアのSMPではTCMP構成が主流です。

エピローグ

　システムの大規模・複雑化に伴い、組込みソフトウェアの規模は増加する一方です。組込みソフトウェアは社会基盤として信頼性や安全性を要求されるシステムや輸送機など安心・安全を第一とする機器にも使われ、私達の生活や社会を支えることに必要不可欠になってきています。さらに、"IoT（Internet of Things）"のキーワードに代表されるように、システムやデバイスがネットワーク化されることから、その信頼性・安全性はより重要になってきています。今後は、ネットワークにつながったシステムやデバイスが、ビッグデータの発生源として活用されこれからの私達の生活を豊かにしてくれるものと思います。

　本書を執筆するにあたり、大規模、複雑化する組込みシステムの初級者向けの教科書・副読本を目指して何を外して何を入れるかの議論を繰り返してきました。これまでの組込みシステム開発に必要な知識のプロセッサ、センサ、アクチュエータだけでなく、通信・ネットワークやセキュリティに関する知識も必要となってきています。さらに、近年、開発現場で採用されてきているソフトウェア開発プロセスに関する技術や知識についても言及することにしました。

　また、近年ではRaspberry PiやArduinoのようなマイクロコンピュータが搭載された安価なボードや開発環境の入手が容易になってきていて、初心者でも簡単に利用できるようになってきました。本書ではマイクロコンピュータを使い体験しながら学べるようArduinoボードの章もいくつか設けました。実機で動作を確認しながらハードウェアの仕組みを理解し、ソフトウェアを使って機能を作り込むことの演習をしながら深い学びができるよう配慮しました。

　システムが多様化、複雑化、大規模化に向かうにつれて、バグが顕在化することが多くなってきています。また、バグが顕在化することで社会問題としてメディアなどで大きく取り上げられることも少なくありません。このようなことから、大規模・複雑化するシステムにおいても、ISO/IEC 25000に定められたソフトウェア品質への要求は厳しくなってきています。

　今後のシステム開発では、システムの品質としては機能性、信頼性、使用性、効率性、保守性、移植性だけでなく、利用時の品質である有効性、生産性、安全性、満足度なども品質モデルと定義されていて、システムの品質の向上を強く求められることになるでしょう。さらには、システムの品質の向上・計測を目的として、これらの品質指標として「見える化」するガイドラインが経済産業省より発表されています。

　システムの大規模化・複雑化に対抗するには、大きなシステムを小さなサブシステムの集合として捉え、品質の良い小さなサブシステムの組み合わせとして構成するシステムズ・エンジニアリングの考え方が有効であると考えられています。あるシステムで使われているサブシステムを新たに開発する別のシステムのサブシステムとして再利用できるならば、サブシステムの品質は維持したまま、システムを開発する工数を削減できるため生産性の向上にも大きく貢献できることでしょう。

　そのためには、1つひとつのサブシステムの品質を上げなければなりません。さらに、サブシステムとして別のシステムの一部として構成できるように、再利用性や汎用性を考慮したシステムを目指す必要があります。個々の組込みシステムがサブシステムから構成されるように、より大きなシステムを構築できるような汎用性を持った組込みサブシステムを1つ実現する、その第一歩が単体のシステムの開発となることでしょう。

　私たちは、本書が組込みシステムの開発技術の基礎を学ぶ際に利用されることを期待しています。そして、組込みシステム開発がこれからのシステムズ・エンジニアリングにつながる最初の第一歩となることを願っています。

著者一同

編集委員会（順不同）

索引

索引

●装丁　　　　　　　　小島トシノブ（NONdesign）
●本文イラスト　　　　PIXTA：RichR / Sergii / 川竜 / robuart / Ylivdesign / Farber-Alex
●本文デザイン／レイアウト　朝日メディアインターナショナル株式会社
●編集　　　　　　　　取口敏憲

■お問い合わせについて
　本書に関するご質問は、本書に記載されている内容に関するもののみとさせていただきます。本書の内容と関係のないご質問につきましては、いっさいお答えできませんので、あらかじめご了承ください。また、電話でのご質問は受け付けておりませんので、本書サポートページを経由していただくか、FAX・書面にてお送りください。

<問い合わせ先>
●本書サポートページ
https://gihyo.jp/book/2021/978-4-297-11966-9
本書記載の情報の修正・訂正・補足などは当該 Web ページで行います。

●FAX・書面でのお送り先
〒162-0846　東京都新宿区市谷左内町 21-13
株式会社技術評論社　第 5 編集部
「よくわかる組込みシステム開発入門——要素技術から開発プロセスまで」係
FAX：03-3513-6173

　なお、ご質問の際には、書名と該当ページ、返信先を明記してくださいますよう、お願いいたします。
　お送りいただいたご質問には、できる限り迅速にお答えできるよう努力いたしておりますが、場合によってはお答えするまでに時間がかかることがあります。また、回答の期日をご指定なさっても、ご希望にお応えできるとは限りません。あらかじめご了承くださいますよう、お願いいたします。

よくわかる組込みシステム開発入門
——要素技術から開発プロセスまで

2021 年 2 月 24 日　初版　第 1 刷発行
2024 年 11 月 21 日　初版　第 3 刷発行

著　者　　組込みシステム技術協会 人材育成事業本部
発行者　　片岡　巌
発行所　　株式会社技術評論社
　　　　　東京都新宿区市谷左内町 21-13
　　　　　TEL：03-3513-6150（販売促進部）
　　　　　TEL：03-3513-6177（第 5 編集部）
印刷／製本　昭和情報プロセス株式会社

ISBN978-4-297-11966-9　C3055
Printed in Japan